图4-1　通过AIGC生成的内蒙古民族服饰

图4-2　案例作品1

图4-3　案例作品2

图4-4　案例作品3

图4-5　案例作品4

(a) (b) (c)

图4-6　案例作品5

(a) (b) (c) (d)

图4-7　案例作品6

Digital-Intelligent-Driven Innovation in Ethnic Costume Design

数智化民族服饰创新

谢继武　郭继业　著

化学工业出版社
·北京·

内容简介

本书作为人工智能时代背景下聚焦内蒙古民族服饰发展与文化创新的学术研究成果，以生成式人工智能技术（AIGC）为核心驱动力，通过构建内蒙古民族服饰数字化资源库与生成式人工智能设计平台，探索非遗的保护与传承机制。同时，结合市场需求与产业创新路径，本书提出了一条以数据驱动文化遗产保护、以AIGC推动设计创新的数智化发展路线，助力内蒙古传统民族服饰实现现代化、时尚化与产业化转型，切实应对其在保护、传承与创新方面所面临的难题，并为其他民族非遗服饰文化的传承提供了典型研究范例。

本书适合设计专业高校师生、服装与文旅产品设计师、非遗代表性传承人与从事非遗保护的专业人员、AI创新设计的爱好者阅读。

图书在版编目（CIP）数据

数智化民族服饰创新 / 谢继武，郭继业著. -- 北京 ： 化学工业出版社，2026. 1. -- ISBN 978-7-122-49606-5

I. TS941.742.812-39

中国国家版本馆CIP数据核字第2025UK3390号

责任编辑：陈景薇　　装帧设计：张　辉
责任校对：田睿涵

出版发行：化学工业出版社
（北京市东城区青年湖南街13号　邮政编码100011）
印　　装：北京天宇星印刷厂
710mm×1000mm　1/16　印张11½　彩插1　字数179千字
2026年2月北京第1版第1次印刷

购书咨询：010-64518888　　售后服务：010-64518899
网　　址：http://www.cip.com.cn
凡购买本书，如有缺损质量问题，本社销售中心负责调换。

定　　价：78.00元

前言

服装服饰是民族文化里最具象征性的载体，承载着古老的历史记忆、先人的生活哲学与美学特征，其背后映射的是时代的社会结构、价值观念与民族认同，构成了文化多元一体的深层内涵。然而近些年随着工业化进程和当今数字化生活方式的转变，传统民族服饰的生存空间逐渐收缩。内蒙古民族服饰作为国家级非物质文化遗产，其传承陷入“保护难、传承难、创新难”的困境，可以看出内蒙古民族服饰几乎沦陷到仅用于舞台表演和节日礼仪。当前，科技赋能文化遗产保护传承成为重要研究命题，我们亟需探索民族服饰如何利用人工智能技术从数字化到数智化融合发展，探讨生成式人工智能在民族服饰保护与创新中的应用。

作为从视觉传达、数字媒体艺术转型到艺术与科技交叉融合的研究团队，我们始终关注传统文化如何在数智时代焕发新的生命力。过去几年中我们有幸参与内蒙古民族文化数字化研究工作，团队开发了“内蒙古传统民族服饰创新设计展”“蒙古族传统服饰纹样数据平台”等数字化平台，这些数字资源库建设案例的实践路径可以有效解决内蒙古传统服饰数字化资源建设不足的问题，这启迪了我们转向艺术与科技智能创新应用的研究。

在智能创新层面，面对非遗传统技艺传承断层和设计固化导致民族服饰不够市场化与现代适应性不足等问题，团队在同仁们的支持下率先在内蒙古开发了首个以AIGC为核心的民族文化生成式人工智能平台——“北疆智韵”，利用生成式人工智能既能实现民族服饰的跨模态转换与智能解构创新，还可以实现服饰设计创新的降本增效，这些实践是成功的。实践表明，相比DALL、Midjourney等国内外大模型平台，基于Stable Diffusion的潜在扩散模型与ControlNet功能生成的内蒙古民族传统服饰数据准确性更高，可操控性更强，同时平台开发与应用成本更低，更容易实现传统民族服饰的智能化。在这一过程中，我们深切体会到民族服饰所承载的非遗文化基因、审美及智慧，也看到了其在当代社会中面临的传承与创新困境。我们尝试以人工智能创新民族文化为切入点，探索北疆地区民族服饰从数字化到数智化的路径，本书正是在此背景下形成的阶段性总结。书中探索的智能化服饰的研究并非终结性的成果，而是持续探索的起点。

本书主要面向青年学者、高校师生、艺术家、设计师及非遗传承人，是一部以人工智能推动非遗保护与产业创新为研究重点的指导型专著。全书从宏观文化史视角梳理内蒙古民族服饰的演进脉络，揭示其与社会结构及地域环境的内在关联，阐释民族服饰作为文化符号的深层意涵，并系统解析其形制特征与美学积淀。在此基础上，聚焦数字化时代民族服饰的当代境遇，指出现代化与审美多元化带来的传承挑战，以及当前数字化存续中面临的技术瓶颈与资源不足等问题。本书提出“人工智能驱动的民族服饰数智化转型”路径，涵盖民族文化准确性解读、服饰数据库构建、模型训练与AI平台建设等关键环节，通过算法理解与生成模型训练实现款式、纹样与结构的智能创新。人工智能在此不仅是技术工具，更是一种文化思维创新与传承的关键支撑，助力我们重新理解传统、重构文化认同、再造当代美学。同时，本书关注跨学科融合背景下的人才培养问题，强调应引入人工智能、数字建模等科技内容，以培育兼具文化理解力与科技创新力的复合型人才。

本书是2024年“自治区高校人文社会科学重点研究基地”开放课题“基于乡村振兴的内蒙古代表性非遗技艺数字化平台模式研究”（项目编号KFSM-NYSK0205）的系列研究成果。本书的撰写得到多位同仁、师生及合作机构的帮助，在此谨致谢意。受作者能力及时间有限，书中难免有诸多不足，还请多多批评指正。愿这份文字能为民族文化的数智化创新提供些许参考，也为更多艺术与科技融合的实践者带来继续前行的思考与力量。

谢继武　郭继业
2025年秋于呼和浩特

目录

第1章

民族服饰的历史与发展

1.1
我国民族服饰的历史与文化

中国是多民族统一的国家，民族服饰是民族文化的重要组成部分，特定的自然环境与社会结构、生存智慧在民族服饰上体现，其民族独特的审美观念与社会规范的群体性表达亦通过服饰表达出来。民族服饰可以说是民族文化的“视觉皮肤”，其现象学特征明显，民族服饰的形态差异、色彩变化、纹样多样性及材质特性构成了民族多元化的视觉呈现。

在当下信息全球化以及技术现代化的时代背景之中，传统民族服饰的日常穿着功能正逐步被弱化，而其作为文化符号以及身份标识的功能却日益凸显。针对民族服饰的发展历程、文化特征、符号意义以及文化认同展开研究，有助于理解民族文化的历史脉络以及当代价值，而且对于民族文化保护、文化创意产业发展以及国家文化软实力提升有现实意义。随着人工智能技术的发展，民族服饰的传承同样需要新技术的参与。

我们综合运用历史学、人类学、符号学以及文化研究的方法，借助文献分析、田野调查以及跨学科交叉结合的方式，构建相关内容，梳理民族服饰的发展历史，揭示环境、经济与文化交流对服饰形态产生的影响，剖析民族服饰的文化特征与社会功能，探讨其在物质层面与精神层面所具有的双重意义，同时引入符号学理论，解析服饰的符号类型以及跨文化传播，结合文化认同理论，探讨服饰在当代社会以及全球化背景下的身份建构功能，并尝试研究回答：民族服饰在历史演变过程中呈现出怎样的阶段性特征；服饰所承载的文化特征与社会功能如何塑造并维系民族的集体认同；在符号学视角下，民族服饰的色彩、图案、造型等怎样形成独特的文化构建；全球化、数字化背景下，民族服饰的文化认同功能如何进行转型与重构。我们的研究依照“历史→文化→符号→认同”的逻辑递进，为读者理解民族服饰的多维价值提供系统框架。

1.1.1 民族服饰的发展历史

中国是一个多民族统一的国家，这些民族分布在广袤多样的地理环境中，形成了独特丰富的服饰文化和视觉形态。民族服饰不只是衣物层面的“穿着”，还是物质文明与精神文明交汇融合而成的综合体，其承载的历史信息、文化价值和审美特征，共同构成了中华民族文化多样性的关键部分。从历史学、人类学和服饰学交叉的角度审视，民族服饰的发展历程反映了各民族的生产方式、生活习惯以及对自然环境的适应状况，还记录了民族交往、交流与融合的轨迹。在历经千百年的历史演进中，民族服饰不断吸收外来文化元素，并在本土化进程中构建起具有鲜明辨识度的民族符号体系。

先秦至汉唐阶段民族服饰的萌芽以及多元发展历程

北方草原民族拥有的皮革服饰同游牧经济之间存在着紧密的联系。在先秦时期，北方地区的东胡、匈奴、戎狄等诸多草原民族主要以游牧经济作为自身的经济模式，他们的服饰大多把皮毛当作主要的制作原料。北方民族的服饰十分看重保暖、防风以及耐用这些特性，其裁剪形式可方便骑射以及放牧等活动的开展。皮毛的选材一般来自牛、羊、鹿等家畜以及野生动物，它有御寒的功能，还可体现出狩猎与畜牧的经济基础。

西南山地民族的纺织工艺与植物染料是区域特色

西南山地民族所拥有的纺织工艺以及植物染料构成了该区域的特色。在西南地区，像滇、夜郎、氐羌等民族，他们生活于气候湿润的山地河谷地带，擅长运用麻、葛、棉等各类植物纤维来开展织造活动。植物染料的运用相当普遍，如青靛、苏木、黄檀等天然染材，让服饰的色彩充满了地域特色，并且还承载着祭祀、婚嫁等文化寓意。

丝绸之路和服饰文化交流促进了文化交流的进程

汉代时丝绸之路得以开通，这不仅促进了丝绸以及毛织物在不同区域之间的流通，还为民族服饰带来了图案、色彩以及款式方面的多样变化。例如，中亚的波斯纹样依靠丝绸之路传入我国，对西域以及北方民族的服饰和装饰风格产生了影响，形成了金银丝线刺绣、几何纹饰等有跨文化特点的样式，这些民族服饰都对文化的交流与交融起到了推动作用。

元代的服饰与民族融合

元代的制度化影响在民族服饰方面产生了深远影响。元朝乃是由北方游牧民族蒙古族所建立的王朝，其服饰制度受到了蒙古游牧文化以及中原汉文化这两方面的影响，像蒙古袍、皮靴、腰带等有骑射便利性的服饰元素传入了中原，中原的织锦、刺绣技艺也传到了北方草原，而且这一时期的民族服饰呈现出了较大的“制度化”特性，构建起了官服、军服以及民间服饰的分化体系，形成了独特的民族服饰发展模式。

明清时期的朝贡与赏赐体系促进了文化交融

明清时期存在着朝贡与赏赐体系，这一体系对文化交融起到了促进作用。明清两代所推行的“朝贡和赏赐”制度，使得边疆民族与中央政权之间产生了频繁的礼仪交往，朝廷大多时候会用丝绸、织金缎等高档织物对民族首领进行赏赐，这提升了民族服饰的材料档次，而且在审美方面带动了汉族元素的融入，如清代藏族贵族服饰大量运用缎面织物与龙凤纹样，就是文化交流融合所产生的结果。经过长时间的发展，各民族在长期交往过程中逐渐形成了相对稳定的区域性服饰体系，比如西北回族服饰既有中原的儒雅风格，又有伊斯兰教的规制；西南苗族服饰以银饰、蜡染较为突出，形成了强烈的视觉特征；东北满族服饰在旗装制度的推动下，与汉族礼服出现了融合与创新。

近现代民族服饰变革与外来影响

清末民初这段时期是民族服饰的转变阶段，其间服饰存在着冲突与融合的情况。在19世纪末到20世纪初的时候，西方服装同民族服饰发生了碰撞，像西装、呢料大衣这类新式服饰传入中国，在沿海地区以及城市慢慢流行起来，对民族服饰产生了一定的影响，有一些民族在留存的传统服饰上引入了立领、纽扣、口袋等新的元素，完成了局部的现代化改造。

新中国成立之后所进行的保护以及改造工作推动了民族服饰的转型。在20世纪50年代至80年代期间，国家展开了民族调查以及文化整理方面的工作，针对民族服饰进行了系统的记录与保护：一方面，在民族地区推行了统一化的服装，以此契合生产生活中的便利需求；另一方面，在节庆、礼仪等相关场合，传统服饰被视作民族象征而得到保留与传承。

改革开放之后的复兴以及现代化转型促使民族服饰实现创新发展。

自20世纪80年代开始，随着旅游业和文化产业的不断发展，民族服饰在舞台化以及商业化进程里焕发出新的生机，不少民族地区兴起了服饰加工与设计产业，既契合了传统审美需求，又融入了现代剪裁方式与面料，如傣族的筒裙被改良成了方便日常穿着的半裙或者连衣裙，藏族的氆氇面料被运用到现代时装秀中，形成了传统与现代相互交织的全新风格。

全面审视中华民族服饰的发展历程，可以总结出以下规律：

• 民族服饰存在环境适应性规律，即服饰材料、款式与气候、地理、经济模式有着紧密联系；

• 民族服饰有文化交融性规律，政治统一以及贸易交流推动了服饰样式的融合与创新；

• 民族服饰有符号固化与功能转换规律，在现代化进程中，服饰的日常实用功能逐渐弱化，而其文化符号与认同功能不断强化；

• 民族服饰呈现舞台化与产业化趋势，当代民族服饰渐渐从生活必需品转变为文化创意产业的关键资源。

民族服饰的文化历史脉络呈现出民族服饰的演变轨迹，为后续深入探讨其文化特征、符号意义与认同功能奠定了基础。

1.1.2 民族服饰的文化特征与功能

1.1.2.1 民族服饰的文化基因

民族服饰常被称作“穿在身上的史书”以及“行走的文化符号”，在其色彩斑斓、绚丽多姿的表象背后，蕴含着一个民族世世代代传承下来的“文化基因”，这些基因借助地域环境、纹样、色彩、材质、形制以及工艺得以呈现，塑造出了各个民族别具一格的外在形象，同时还承载着其深厚的历史记忆、价值观念以及审美情趣，是身份认同以及文化延续的关键密码。民族服饰的每一处细微之处都有可能是一段历史的凝练，部分民族会把迁徙的路线、英勇的战争场景或者创世的神话传说，用抽象或者具象的图案绣在衣服上，让服饰变成一部动态的史诗。后人凭借穿着和传承这些服饰，不知不觉间就与祖先的历史建立了联系，重温了民族的集体记忆。这种把服饰当作历史的传承方式，将抽象的历史叙事转变为具象的视觉符号，成为民族文化基因里极为稳定且核心的一部分。

民族服饰的材料选择与地域生态的关系

民族服饰在材料选择方面，可直接体现出该民族所处的自然地理环境以及经济形态。北方草原地区的民族大多会选用皮毛、毡呢等材料，其目的在于强调保暖以及防风的功能；南方湿热地区的民族则更倾向于选择棉、麻、葛等透气性良好的植物纤维；西南高山地区的民族会利用苎麻与竹纤维来织造布料，这种布料色泽较为清爽，并且有耐潮耐腐的特性；西北的回族、维吾尔族等民族大多选用羊毛织物，这种织物可起到保温的作用，还可体现出游牧传统。材料的选择不仅可体现出对环境的适应性，同时也是生态文化的一个组成部分，形成了从原料采集、加工直至服饰成品的完整生态链条。这些源自自然的文化基因充分体现了“天人合一”的朴素哲学思想，是民族与其所处生态环境和谐共生的有力见证。

民族服饰的色彩运用与民族审美心理

色彩是民族服饰极为突出的视觉符号之一。色彩的挑选大多时候跟民族的宇宙观、宗教信仰以及审美偏好相互呼应，有着较强的心理暗示作用，不少民族服饰的色彩与纹样皆源自其对自然环境的观察和崇拜，山川河流、日月星辰、飞禽走兽、花草树木，均被转变为服饰上富有象征意义的图腾。苗族服饰一般以蓝、白作为底色，再加上银饰的金属光泽，营造出一种清丽又高贵的效果；藏族人喜爱红、黄、蓝等高饱和度色彩，这与藏传佛教的宗教色彩体系相契合；草原民族的服饰大多时候以蓝、白、绿作为主色调，象征着天空、白云以及草原。

民族服饰的裁剪工艺与技术体系

不同民族在服饰的结构以及制作技艺方面各自拥有一套体系。北方民族比较擅长直线裁剪以及宽松轮廓的设计，方便骑射活动以及劳动；西南民族大多采用立体拼接、镶嵌以及刺绣等方式，着重突出贴身效果以及装饰效果。这些工艺不仅是生产技能，更是一种文化知识体系，凝聚着民族的世界观和价值观。每一种针法、每一种染色工艺，都包含着独特的匠心与智慧，这些技艺本身，和它们所创造出的独特审美风格一起，共同构成了民族服饰里极具活力的文化基因，呈现出一个民族对于“美”的理解以及创造力。

1.1.2.2　民族服饰的社会功能

民族服饰是身份与等级的标识

在传统的社会环境当中，民族服饰同样是用于区分社会身份、等级、年龄以及婚嫁状况的关键标识。服饰的整体形制、配饰的繁杂程度以及特定纹样的具体使用情况，均遵循着十分严格的规范要求。这些规范承载着某个族群的社会结构以及伦理观念，从头部的装饰一直到脚部的饰品，每一件穿戴之物都有可能传达出丰富多样的信息，维系着内在的社会秩序。贵族和平民在材料、装饰以及色彩等方面存在严格的区分界限，比如历史上藏族的贵族可穿貂皮以及金线刺绣的衣物，而普通的牧民只能使用羊皮和粗毛织物。服饰之间的差异反映出经济条件的不同，还承载着权力与地位的象征意义。

民族服饰的婚礼、节日、祭祀等仪式功能

民族服饰在各类关键仪式里有着独特且不可替代的功能。婚礼盛装大多时候会选用最为昂贵的材料以及最为精细的工艺来制作，象征着新人家庭的财富与社会地位，就像蒙古族的28个部落，每个部落都有着各自不同的婚礼服饰。节日服饰色彩十分鲜艳，装饰也极为繁复，以此来彰显节庆的热闹气氛以及集体凝聚力。祭祀服饰则更加注重那些与神灵沟通的象征符号，比如苗族在祭祖的时候会佩戴特定的银饰，以此寓意祛邪护佑，北方游牧民族的萨满也有着独特的服饰穿着。

民族服饰与生产生活方式契合

民族服饰乃是各个民族于特定的自然环境以及社会历史状况下，为契合其生产生活方式所创造出的智慧成果，堪称“穿在身上的生态与文明”。它的形制、材质以及色彩都深深地铭刻着族群的生存哲学，例如草原游牧民族的服饰蒙古袍，其设计一般是宽袍大袖，腰身较为肥大，如此设计便于在骑马放牧的时候自由伸展肢体，而且白天可当作衣服穿着，夜晚还可当作被子使用，很好地适应了游牧迁徙的生活，其材质大多选用皮毛以及厚重织物，以此来抵御草原的严寒与风沙。与之相比，山地农耕或者狩猎民族的服饰则是以短衣紧袖、方便在林间穿行作为特点，在材质方面大多就地取材，运用棉、麻等植物纤维，既透气又耐磨。中国西南地区众多民族的短款上衣和筒裙，正是为了适应山地攀爬以及田间劳作的需求而产生的；而生活在水乡或者从事渔猎的民族，其服饰会考虑到防水以及灵活性，比如赫哲族的鱼皮衣，充分利用了当地资源，质地较轻且防水，是适应渔猎生产的独特创造。民族服饰不只是文化的符号，还是其持有者适应自然、改造自然的生动体现，是生产生活方式的直接反映。服饰不仅要契合美观与象征意义，更要适应生产生活的实际需求。

1.1.2.3 民族服饰的象征意义

众多民族服饰蕴含着不同的象征意义，藏族僧侣袍的颜色严格依照佛教戒律来确定，傣族的孔雀图案有着吉祥且尊贵的寓意，赫哲族的鱼皮衣不单单是物质层面的产物，还是鱼神信仰的一种体现，服饰由此成为民族精神世界的一种可视化呈现方式。民族服饰还承载着护身、祈福以及祛邪等寓意，银饰在不少民族当中有祛邪避灾的象征意义，在苗族、瑶族等地，儿童的服饰大多会镶嵌银铃，以此寓意驱赶邪灵。颜色同样也有象征意味，如蒙古族婚礼中所使用的红色象征着吉祥与护佑。民族服饰是民族故事与历史记忆的承载者，一些民族会把历史故事、祖先传说绣在服饰上，比如壮族的织锦图案大多记录着民族迁徙与战争的故事，这种以服饰作为媒介的“视觉史书”，将民族记忆一代又一代地传承下去。

1.1.2.4 民族服饰与性别、年龄、职业的关系

服饰形态大多时候会随着性别、年龄以及职业的不同而产生变化。男性的服饰一般更侧重于实用功能以及身份标识，而女性的服饰则大多会强调色彩以及装饰，以此来体现婚姻与生育方面的身份特征。年龄差异在民族服饰上呈现得也较多，少女的服饰往往色彩鲜艳且款式华丽，老年人的服饰则倾向于素雅稳重。民族服饰在职业方面契合劳动需求的表现较为突出，牧民、渔民以及农民在服饰结构与材料选择上各自有着不同的针对性。

1.1.2.5 民族服饰的当代功能转型与多元融合

民族服饰经历了从生活必需品到有文化象征意义的转变历程，随着现代化以及工业化进程的不断推进，民族服饰在日常生活里的实用功能渐渐减弱，而在节庆、旅游以及文艺表演等场景中却迎来了新生，它们已不再仅仅是普通的衣物，而是成为民族身份的一种象征，同时也是人们追逐文化资本的对象。民族服饰呈现出舞台化以及旅游化的发展趋势。

为了适应旅游市场以及舞台表演的需求，民族服饰在色彩饱和度、装饰密度以及款式夸张度等方面进行了有意强化，形成了“视觉冲击力”更为强烈的改良版本，这样的转型在一定程度上对服饰的传统形态产生了改变，不过也使得其文化传播能力得到了提升。新一代设计师把民族元素与国际时尚相互结合，创造出了适合都市生活的“新民族风”，比如把侗族的织锦面料运用到西装外套的设计中，将蒙古袍的立领融入晚礼服的设计里，这拓展了民族服饰的功能，体现了现代设计与跨文化融合的特点，还提升了其在全球化传播方面的潜力。

民族服饰所有的文化特征以及功能乃是自然环境、经济模式、宗教信仰、社会结构共同发挥作用而产生的结果，它不单单是日常生活当中有实用性的器物，同时也是民族精神以及审美的凝聚体现。步入现代社会之后，民族服饰渐渐从物质文化转变为符号文化，其功能从“实用穿着”转变为“象征展示”以及“文化认同”，在全球化的背景下呈现出多元化以及跨界融合这样一种新的趋势。这种转型并非仅仅是服饰形态出现了变化，更是民族文化在新时代语境里进行的再次创造以及再次表达。

1.1.3 民族服饰的符号特征

民族服饰不只是物质方面的载体，还是有丰富文化内涵的视觉符号体系，依靠色彩、图案、造型、质地等诸多元素来传递文化意义，形成民族身份、价值观以及审美观的可视化呈现。从符号学的视角来看，服饰是“能指”，也就是signifier，呈现出可见的形态，同时也是“所指”，即signified，承载着特定的文化内涵。瑞士语言学家Ferdinand de Saussure提出的“能指—所指”关系，为理解民族服饰的符号特性奠定了理论基础。美国符号学家Charles Sanders Peirce的“象似符（icon）—指示符（index）—象征符（symbol）”三分法，可以帮助我们剖析服饰在不同文化情境下的多重符号功能。

符号学视角下的民族服饰

民族服饰身为符号系统蕴含着深刻意义。民族服饰的每一处细节，从颜色挑选到纹饰排列，均可被看作是一种符号，共同构建起完整的“民族符号语法”，这种语法由历史传统、宗教信仰、审美习惯以及社会结构一同决定。存在相对稳定的“核心语法”，又有因时代变化而产生的

“变体语法”。

民族服饰的象似符、指示符与象征符有着诸多应用。象似符指的是服饰里直接描绘自然物的图案，如傣族筒裙上的孔雀纹样，直接与孔雀相似；指示符是服饰材质和使用环境之间的因果关联，比如藏族冬装的厚羊毛氆氇，直接说明高寒气候；象征符是借助约定俗成的文化约束赋予其意义，例如蒙古族的蓝色长袍象征长生天，这种意义并非物理特性，而是文化共识。

图案符号

• 动植物纹样作为民族服饰里颇为常见的符号元素之一，有着丰富的内涵。例如，苗族蜡染中的蝴蝶纹象征着民族起源的“蝴蝶母亲”传说；维吾尔族刺绣中的石榴图案代表多子多福与繁荣；蒙古族的马蹄莲纹与自然景观有联系，还暗合草原文化中的生命观。

• 几何纹样与抽象符号方面，几何纹样大多承载着抽象的宇宙观以及世界观，如哈萨克族的羊角纹寓意着财富与生命力，彝族的回纹象征着循环与永恒。这些抽象符号大多以重复、对称的方式进行构图，形成强烈的视觉节奏感。

• 文字、标识与宗教符号方面，部分民族会在服饰上直接运用文字符号，如藏族僧袍与经幡服饰上印有“六字真言”，回族女性的头巾上常绣有阿拉伯文的祈祷词。这些符号直接强化了宗教身份与信仰归属。

色彩符号

• 色彩与情感方面，色彩作为一种视觉符号，可直接引发人们的情绪反应。红色在多数民族当中象征着喜庆以及力量；而白色在蒙古族、藏族等地区象征着纯洁，同时还可用于祭祀和悼念。这些都表达了一定的民族心理色彩。

• 色彩与信仰体系方面，藏传佛教的“五色”体系，也就是蓝、白、红、绿、黄，它们对应着天空、空气、火、水、土五大元素，被广泛应用于藏族服饰的配色当中；瑶族的黑色盛装象征着稳重以及护身意义。这些体现出了颜色与信仰、民俗之间的密切关系。

造型与结构符号

• 服装款式有着其独特的文化指向，服饰结构大多蕴含着文化内涵。蒙古袍的右衽设计不单单是为了骑射方便，还和汉族的右衽礼制形成呼应；侗族百褶裙象征着稻田的层层波浪，有着丰收以及生命延续的寓意。

• 头饰、腰带、鞋履等是服饰的附属符号。头饰在许多民族里是关键的身份标识。比如，傣族未婚女子佩戴单花簪，已婚女性佩戴双花簪；苗族头饰的高度和重量大多和佩戴者的家族地位有关。腰带与鞋履同样承载着特定的符号意义，如维吾尔族男子的腰带除了有实用性，还象征着男性的责任与力量。

符号特征的跨文化传播与变异

在跨区域流动里存在着符号嫁接现象。丝绸之路以及茶马古道所进行的贸易交流，促使不同民族服饰的符号元素彼此相互渗透，就像维吾尔族花帽上面的几何纹样受到了中亚艺术以及波斯艺术的影响，且这些符号在传播的进程中又实现了本土化，被赋予了新的意义。

现代化语境下的符号再造

在当代，民族服饰朝着旅游化、舞台化以及时尚化方向发展的进程中，其符号特征大多会被重新组合并放大。例如，传统苗族服饰的银饰，在舞台表演的时候，其数量以及体积都被进行了夸张处理，以此来增强视觉上的冲击力；藏族的氆氇被改造成了都市时装，不过依旧保留着其典型的配色以及纹样符号。

民族服饰所有的符号特征构建起了一个有着历史深度同时又有文化厚度的符号系统，这个系统一方面借助直接描绘自然物来呈现形似性，另一方面借助材质与环境之间的关系来表达指示性，还依靠文化约定去承载象征性。在历史的不断流动以及文化的交流过程中，这些符号持续地被复制、发生变异并进行再创造，成为民族文化认同以及传播的关键媒介。

在全球化以及数字化的背景下，民族服饰的符号功能正呈现出一种双向的趋势：一方面，它在旅游、时尚、文创等诸多领域强化了民族特色；另一方面，它在跨文化对话里吸收了外来的符号元素，形成了混合型的文化表达，而这种动态性，恰恰就是民族服饰符号生命力的体现。

1.1.4 民族服饰与文化认同

民族服饰不只是物质层面的衣物，还是民族文化认同的关键象征，它借助颜色、纹样、结构、材质等外在形态，传递出群体的历史记忆、价值观念以及生活方式。在现代社会全球化与城市化加速推进的背景下，民族服饰在日常穿着中的占比逐渐降低，然而在节庆、仪式、旅游以及文创产品中，却以更为浓缩且象征化的形态呈现，成为民族自我认同与对外文化展示的关键媒介。

文化认同理论为剖析民族服饰的社会意义提供了工具。英国社会学教授Stuart Hall提出，文化认同既囊括历史延续的“共同文化”，又包含动态生成的“差异与变迁”。英国历史社会学家Anthony D. Smith的民族认同理论着重强调了共同的历史记忆、文化符号与归属感在民族形成过程中的作用。从这个角度来看，民族服饰是“历史记忆的物化”，也是“当代认同的符号实践”。

文化认同理论与服饰的关系

服饰作为文化符号以及认同载体，其文化符号功能和民族认同的形成存在着天然的关联。它借助视觉上可看见的符号体系，把抽象的民族文化转化为具体可感的形式，让群体成员在穿着过程中察觉到自身与他人的差异，提高内群体的凝聚力。传统服饰有着历史与当下的双重影响，传统民族服饰的形态一般是历史沉淀的结果，承载着祖先的生活方式以及价值观。然而在当代，民族服饰不只是过去留下的遗产，还持续被赋予新的意义，如旅游经济里的形象塑造、舞台艺术中的美学创新、国际交流中的文化符号再生产。

个体与集体认同的服饰表现

在一些民族地区，服饰作为日常穿着与身份归属感紧密相连，服饰依旧是日常身份识别的关键标志，如回族女性有着佩戴头巾的习惯，这是宗教信仰的一种呈现，也是社区归属的视觉化符号。就算是在城市环境里，这种穿着形式依然可唤起个人的文化身份认同。民族节日是服饰文化认同极为集中的展示场景，服饰在节庆盛装和集体记忆方面有着重要意义。在苗族的“苗年”、藏族的“雪顿节”以及蒙古族的“那达慕”中，盛装不只是个人审美的体现，还是集体文化记忆的再次呈现，服饰在这类仪式里大多回归到最为传统、最具象征性的形态，以此来强化与祖先文化的联系。

跨区域与跨文化背景下的服饰认同变迁

城市化进程促使大量少数民族人口涌入城市，这一现象导致民族服饰在日常生活里的实用性不断降低，最终被现代工业服装所替代，造成城市化与民族服饰的日常性消退。在此过程中，民族服饰渐渐从日常场景中淡出，转而在婚礼、节庆以及文化表演等场合集中呈现，其功能也从原本的“生活必需”转变为“象征展示”。

在旅游经济领域，民族服饰大多会被重新设计，以此来提高视觉冲击力，甚至还会刻意对色彩与装饰进行夸张处理，实现民族服饰旅游化与表演化的符号再造。这种改造在一定程度上改变了服饰的原生意义，不过也提升了其文化传播能力，使其成为跨文化交流的一个窗口。

全球化时代下民族服饰认同的挑战与机遇

在全球时尚浪潮的冲击下，文化身份焦虑随之而来，全球化所带来的时尚潮流对民族服饰造成了一定的冲击。一方面，年轻一代或许会更偏向于国际化的穿着风格；另一方面，这也可能会引发民族文化身份方面的焦虑以及反思，促使文化精英与社区群体借助服饰复兴运动来强化民族认同。时尚化进程以及民族品牌的兴起，使得一些民族服饰在时尚化的过程中获得了新的生机与活力，如侗族织锦、维吾尔族刺绣、藏族氆氇面料被应用于国际时装秀并与奢侈品牌展开合作，这些民族保留了原本的符号特征，又被赋予了全球化的审美语境。这种转变提高了民族服饰的经济价值，还在国际舞台上提高了民族文化的知名度。

未来展望：数字化与虚拟空间中的民族服饰认同

数字技术对于服饰文化的保存有着关键作用，如3D扫描以及虚拟现实（VR）等技术，可以让民族服饰以高精度的状态被记录下来并且再次呈现，为文化认同的数字化传承开辟了全新的途径。博物馆以及高校可借助数字化展示的方式，使民族服饰突破地域的限制，进入全球观众的视野。在虚拟空间里存在着服饰的再创造情况，如在元宇宙以及虚拟社交平台中，民族服饰可作为虚拟形象的装扮选择，被年轻一代运用全新的方式来展示，这既可以延伸服饰的使用场景，还可以在虚拟文化里构建起新的民族认同表达方式。

民族服饰与文化认同之间有着深刻的互动关联，它是民族历史以及文化记忆的外在表现形式，同时也是当代社会里构建、表达并协商文化身份的关键媒介。在传统与现代、地方与全球的矛盾之中，民族服饰的认同功能持续被重塑：于地方社会而言，它是维系文化连续性的纽带；

在国家层面，它是多元一体的文化象征；在国际舞台上，它是文化软实力的关键组成部分。未来，民族服饰的文化认同功能会更多地借助数字化与跨界设计，既能延续历史记忆，又会在新媒体和全球文化网络里产生新的意义。这一进程，并非传统的消失，而是民族文化在新的社会环境中的再生与转变。

民族服饰既有历史延续性，也呈现出了动态变迁，它是历史文化沉淀而成的，也是应对环境变化以及社会互动所产生的动态产物。文化特征有多层结构，服饰在材质、色彩、工艺方面存在差异，这体现出地域生态与生产方式的适应性，也承载着信仰体系、审美心理以及社会规范。符号体系存在稳定与变异情况，服饰符号借助象似、指示和象征这三种机制来传递意义，在跨文化交流里既能保留核心元素，又会吸收外来影响。

文化认同含有多重维度，民族服饰在地方、国家和国际这三个层面都参与了身份建构，在全球化、数字化语境下呈现出新的表达方式。对于未来民族服饰的研究，我们可以从多个方向深入剖析：数字化与虚拟再现，利用虚拟现实（VR）、增强现实（AR）等技术，重建传统服饰的动态形态以及使用场景；跨学科融合，引入时尚学、市场学、视觉人类学等领域的研究方法，拓展民族服饰的社会应用研究；全球化比较研究，将中国民族服饰与世界其他民族服饰进行对比，揭示文化交流与符号变迁的普遍规律等。民族服饰不只是关乎一块布、一针一线，更是一段历史、一种生活方式、一份情感认同，它们在不断变化的时代中延续、转化、重生，见证着中华民族多元一体、兼收并蓄的文化格局，也为世界文化的多样性贡献着独特的东方智慧与美学价值。

1.2 内蒙古民族服饰的历史与发展

1.2.1 内蒙古民族服饰的演变过程

内蒙古民族服饰作为草原游牧文化极为关键的部分，它的演变和社会生活的变迁紧密相连。最开始是裘皮裹身的单一形态，然后在元代多种文明交融时变成华丽的锦衣，接着到清代在差异化中慢慢成形，一直到现代社会作为礼仪和文化符号存在，内蒙古民族服饰始终在传统与变革的力量拉扯中成长与重塑。服饰不只是用来抵御寒冷、遮蔽身体的工具，更是民族身份、社会结构以及文化心理的象征承载物。研究内蒙古民族服饰的演变，可以帮助我们理解蒙古族文化史的发展脉络，还可以揭示草原文明与中原文明、游牧社会与农耕社会之间复杂的互动关联。

蒙古族早期的服饰有着以简约、实用作为主要特点的表现。在13世纪以前，蒙古草原上居住着源自不同族源的部落，这些部落共同面临着寒冷、干旱且风力强劲的自然环境状况。出于生存方面的需求，人们主要把兽皮、毛毡、粗布当作衣物，其款式相对比较单一，常见的样式是交领长衣并且用腰带束紧。这样的服饰呈现出“饥必食，寒必衣”的基本道理，着重强调功能性与保暖性，但在美学以及象征意义方面还没有形成体系。然而在这一时期，长袍、腰带以及皮靴等基本构件已经初步确立起来，为之后的蒙古族服饰的基本风格奠定了基础。早期的蒙古族服饰是自然与生存压力下的必然产物，它记录了人类文明最初阶段服饰与环境互动的基本逻辑。

成吉思汗统一蒙古高原后，蒙古族服饰开始从注重实用朝着有象征意义转变。草原上各部族的文化慢慢融合，服饰形态也呈现出统一化的趋向。长袍成为蒙古族极具代表性的服饰，其宽大且肥厚的样式，既能满足骑射以及游牧生活的需要，还可在夜间当作被褥使用，充分呈现出较高的功能适应性。腰带的使用渐渐被赋予了文化方面的意义，它是固定衣袍的工具，又是社会身份的一种象征，腰带上的佩饰，像刀具、火镰、烟袋等，既体现出游牧生活的实际需求，又呈现出个人的地位与性格。在此阶段，蒙古族服饰的实用性与社会性相互促进，标志着服饰演变迈入了文化建构的时期。

元代是蒙古族服饰演变的一个高峰期。当时蒙古帝国不断扩张，欧亚大陆的文明以及物质财富大量流入蒙古地区，服饰在材质、工艺以及审美方面都有了很大发展。西域的丝织品、波斯的宝石以及中原的绫罗绸缎被引入草原，使得蒙古贵族的衣饰极为奢华。质孙服镶嵌着宝石，刺着金丝，头饰点缀着珍珠，靴履绣着金线，极致地彰显出权力与财富。在这个时候，蒙古族在服饰上吸收了汉族、波斯、阿拉伯等多个民族的艺术元素，如西域蔓草纹、波斯文字、狮身人面像等图案被运用到袍服与头饰的装饰之中。这种文化的交融丰富了蒙古族服饰的审美内涵，使其成为欧亚文明交流的成果。元代蒙古族服饰超越了单一的民族样式，变成一种有国际化色彩的视觉符号。

然而，元代服饰呈现出的那种繁华景象，并不代表全社会普遍享有，贵族和平民在服饰方面的差异变得越发明显。上层社会那些奢华的服饰是权力和地位的一种象征，而普通牧民的穿着依旧是以毛皮、毛毡以及布帛为主，服饰所产生的变化更多地体现在款式以及结构的一些细节调整上。长袍始终是草原牧民日常穿着的服装，它宽大的袖口、紧束的腰带以及高筒皮靴组合而成的整体风格，呈现出了草原生活特有的粗犷豪放特点，同时也体现出了实用与美观二者的结合。元代的蒙古族服饰既有奢侈华丽的一面，又保留了质朴且具功能性的一面，这反映出蒙古族社会内部存在的阶层分化以及文化多元的状况。

明清时期，蒙古族服饰的演变呈现出“多样化与差异化”的特性。因蒙古族各部落出现分化，部落服饰渐渐形成不一样的风格，如科尔沁的袍服着重于镶边以及色彩搭配，鄂尔多斯的袍服以宽袖且厚实为特点，巴尔虎的袍服在装饰方面保留着较为原始的样子，这些差异一方面体现出地理环境和生活习俗所产生的影响，另一方面也显示出各部落于服饰上的文化自觉以及身份认同。明清时期的中原文化与西域文化持续对蒙古族服饰施加影响，汉族刺绣工艺、西方剪裁技艺渐渐融入蒙古袍的制作过程中，致使部分女子袍服在腰身和袖型上更能贴合身体曲线，呈现出“汉化”与“西化”的趋势，这种融合在一定程度上丰富了蒙古族服饰的表现形式，不过也出现了传统工艺式微以及文化独立性弱化的问题。

清代的旗装制度对蒙古上层社会的服饰影响较大，部分蒙古贵族和官员在服饰上采用了满族元素，在朝服和礼服中较为明显，蒙古族服饰变化的多样性在官场上有所体现。这一时期民间传统蒙古袍作为牧民日常的主要服饰，依旧按照之前的传承顽强留存，朴素的长袍与腰带的组合仍是蒙古族文化的关键象征，在婚礼、节庆及宗教仪式中发挥着不可替代的作用。尽管外来文化和政治制度给蒙古族服饰带来强大冲击，但其核心样式与文化精神仍保持着较强的延续性。

步入20世纪之后，蒙古族服饰的演变迈入了全新阶段。工业化进程以及市场经济的发展，致使传统的裘皮、毛呢等材料渐渐被现代化的棉布、丝绸、化纤材料所替代，缝纫机以及工业化生产方式的出现，使得蒙古袍在制作工艺方面呈现出简化与变异的情况，如传统的手工盘扣逐渐被机器尼龙扣所取代，熏皮袍等古老工艺因制作过程繁杂而面临失传的境地。如此一来，蒙古族服饰文化呈现出了新的面貌，蒙古族的日常服饰在很大程度上朝着“现代化”与“汉化”的方向发展，这使得越来越多的人在日常生活中穿着西式成衣，这种情况导致传统蒙古袍逐渐转变为节庆与礼仪场合的专属服饰。这一转变说明当代蒙古族服饰的功能已从日常生活的实用工具转变为文化符号与民族认同的象征。

在全球化以及现代化的大背景下，内蒙古民族服饰的演变必定会呈现出双重趋向：一方面，传统工艺以及样式出现流失的情况，这让人颇为担心，年轻一代对于传统服饰的认知以及使用频率正逐渐降低；另一方面，内蒙古民族服饰作为文化符号所具有的象征意义却在持续强化，不管是在国内外的文化交流活动当中，还是在国家级非物质文化遗产保护的框架下，内蒙古民族服饰凭借其独特的造型以及文化内涵，成为民族文化的关键展示窗口。就像一些学者所讲的那样，当代蒙古族青年在婚礼上穿着蒙古袍，与其说是对传统的延续，倒不如说是借助服饰来表达自身的民族属性以及文化归属感。内蒙古民族服饰也正在实现从“生活之衣”到“文化之衣”的转变，其演变过程体现出社会生活变迁的深刻印记。从早期的自然选择，到元代的文化融合，再到明清时期的差异化发展，直至现代礼仪化与符号化的转变，内蒙古民族服饰一直在传统与现代之间寻觅平衡。它是历史的见证者，也是文化的象征，既呈现出草原文明的坚韧与包容，又反映出现代社会的流动与挑战。内蒙古民族服饰的演变不只是一部服饰史，更是一部草原社会的发展史以及文化认同史。

1.2.2 内蒙古民族服饰的特征

内蒙古民族服饰不只是用于蔽体御寒的生活必需品，更是草原文明里极为关键的文化符号，它留存着生产方式的痕迹，反映出社会结构以及文化观念，并且凭借其别具一格的款式、色彩以及工艺呈现出鲜明的民族审美特性。服饰作为“民族的第二语言”，在蒙古族社会里不仅拥有实用价值，还有社会、文化以及精神层面的深刻内涵。有学者说，内蒙古民族服饰是蒙古族的“族徽”，是身份与地位的一种象征，也是民族凝聚力和认同感的关键来源。从整体特征来讲，内蒙古民族服饰可归纳为以下几个方面：

- 服饰作为区域民族特征的标志，突出了民族身份以及集体认同；
- 服饰作为社会信息的传递手段，承载着年龄、婚姻、阶层等区分功能；
- 服饰作为功能性与审美性相融合的产物，呈现出草原文明的生活逻辑与美学追求；
- 服饰作为象征体系，融入了自然崇拜、图腾观念以及宗教信仰，构建起独特的文化符号系统。

内蒙古民族服饰首先是一种民族特征的标志

不管是在平常日子里，还是在盛大隆重的那达慕大会之上，蒙古袍、腰带以及皮靴的搭配组合都变成了蒙古族极具代表性的民族符号。对于本民族来讲，这种服饰有着凝聚的作用，它可以让人们在视觉方面快速辨别彼此的身份归属，并且在心理层面增强群体认同感。对于其他民族而言，内蒙古民族服饰是有区别性的符号，是民族文化的可视呈现。在漫长的历史发展过程中，蒙古族人一直都很看重服饰的民族性特点，即便在现代社会，当蒙古族青年在婚礼或者节庆的时候穿上蒙古袍，这一行为本身就被看作是民族认同的外在表现与强化。内蒙古民族服饰不只是日常的穿着，更是群体身份的一种视觉标志。

内蒙古民族服饰在信息传递方面有极强的功能性

内蒙古民族服饰可呈现出个人的年龄、性别、婚姻状况以及社会地位等信息。在部分蒙古族部落的传统习俗里，未婚女子的服饰一般颜色较为鲜艳，她们会系上长袍腰带，以此来表明自己尚未出嫁，而已婚妇女会去掉腰带，穿上坎肩，发式也会发生相应改变，借助这些来区分婚姻状态；儿童服饰更注重实用性与祝福性，大多会在帽子与衣襟上绣有护佑性质的符号；男子服饰大多借助腰带、佩刀、烟袋等配饰来体现社会角色与身份。在过去的传统社会中，贵族和平民在服饰材料与装饰方面存在较大差异，上层社会以锦缎、貂裘为主，还会饰以金银宝石，普通牧民则主要以羊皮、毛毡和布帛为主，这些差异反映了社会阶层的分化情况，也构成了草原社会的信息体系，使得服饰在悄然之中传递着社会秩序与身份认同。由此可见，内蒙古民族服饰不只是简单的穿着物品，还是一种社会符号系统，其每一处细节都蕴含着文化意义与社会信息。

内蒙古民族服饰体现了功能性与审美性的统一

身为典型的游牧民族，蒙古族长久以来生活在气候寒冷、风力较强劲的草原环境里，其服饰首先要契合抵御寒冷、阻挡大风以及方便行动的功能要求，如此一来，蒙古袍的基本样式宽大且厚重，袖口肥大方便骑射，长袍的前襟可用腰带紧紧束起，在骑马时既可以保护腰部，还能形成可以储物的口袋，这些设计充分呈现出蒙古族服饰在草原游牧生活中的实用性。不过内蒙古民族服饰并不只是局限于功能性，它在色彩、图案以及装饰方面的讲究，体现出了深厚的民族审美观念。蒙古族喜爱明快、浓烈的色彩，如蓝、红、黄、绿等，让穿着者在辽阔的草原上显得格外醒目。刺绣、镶边、盘扣等装饰技艺不仅增加了服饰的美观程度，还寄托了吉祥与祝福的象征含义。内蒙古民族服饰是功能与美学的统一整体，它是生活的必要之物，也是对美的追求。

内蒙古民族服饰蕴含着丰富的象征意义

在蒙古族的传统文化里，自然被看作是和人类共同生存的力量，其服饰往往借助色彩以及纹样来呈现这样的宇宙观。例如，蓝色代表着天空，红色代表着火焰和生命力，黄色、绿色代表着草原和大地，蕴含着生机与希望。动物纹样中的狼、鹰、鹿等体现了图腾崇拜以及草原生灵的象征意义，女子服饰和头饰上常见的珠饰、银饰，不只起到美观的点缀作用，还和避邪、祈福的寓意紧密相连，这种符号化的服饰体系让内蒙古民族服饰超越了物质层面的存在，成为承载民族宇宙观与宗教信仰的关键载体。服饰在这个意义上已经不只是普通的衣物，而是如同文化文本一样可被“解读”的象征系统。

内蒙古民族服饰的特征还体现在其显著的多样性与地域性上

蒙古高原地域广阔，部落分布范围较广，在长期的历史进程中，各个部落逐渐形成了各自独特的服饰特点。例如，科尔沁地区的袍服颜色鲜艳夺目，镶边十分精致；鄂尔多斯地区以厚重的冬袍较为出名，可适应寒冷的气候条件，还融合了鄂尔多斯婚礼的深厚文化；巴尔虎服饰保留了许多古老的样式，呈现出原始的粗犷美感。即便处于统一的蒙古族文化框架之内，各地的服饰依旧保留着鲜明的地方特色，这种多样性丰富了内蒙古民族服饰文化的内涵，同时也体现了蒙古族在多元环境中保持文化弹性与包容性的特性。内蒙古民族服饰不只是单一民族文化的体现，更是跨区域文化交流与融合的成果。

综合来看，内蒙古民族服饰的特征体现在民族标志、信息传递、功能与审美相统一以及象征寓意这四个维度，这些特征既构成了内蒙古民族服饰区别于其他民族服饰的关键标识，又赋予其深厚的文化内涵以及社会价值。内蒙古民族服饰是草原生活方式孕育的产物，也是民族精神的外在体现形式，它既反映出人与自然之间的关系，又承载着民族认同以及文化记忆。内蒙古民族服饰凭借其鲜明的民族特性与文化象征价值，成为中华民族服饰文化宝库中关键的组成部分，为民族文化的传承与发展提供了丰富的资源以及灵感。

1.2.3 作为国家级非物质文化遗产的内蒙古民族服饰

内蒙古民族服饰是内蒙古草原游牧文明的集中呈现，它承载着民族的历史记忆以及文化基因，在现代还被赋予了全新的文化价值和社会意义。2006年，内蒙古民族服饰被列入第一批国家级非物质文化遗产名录，内蒙古民族服饰的文化价值得到了国家层面的认可，同时为其保护与传承开拓了新的途径，受到了更多的关注。在全球化与现代化进程持续加速的背景下，内蒙古民族服饰的“非遗化”进程是一项文化保护的措施，也是一个文化再生产的过程，有着广阔的发展前景，这意味着内蒙古民族服饰从日用品转变为文化符号，进入更为广阔的社会文化环境之中。

内蒙古民族服饰成为国家级非物质文化遗产（以下简称“非遗”）并非毫无缘由，乃是历史文化与现实状况共同作用的结果。随着现代化进程的不断加速，传统的草原游牧生活方式渐渐走向衰落，依附于这种生活方式的服饰文化同样面临着严峻的挑战。内蒙古艺术学院曹莉教授指出，自20世纪以来，随着工业化与城市化的发展，蒙古族的传统服饰在款式、材质以及工艺方面都发生了极大的变化，传统的裘皮、毛毡逐渐被现代纺织品所取代，手工缝制的盘扣也被机器制品替代，古老的皮艺制作工艺已经濒临失传。蒙古族年轻一代在日常生活里大多会选择简便、时尚的现代成衣，穿着民族服饰的次数越来越少，对于本民族优秀传统文化的传承与创新也越来越不关注，传统服饰在日常生活中的存在感日益降低，其功能也逐渐从生活实用转变为礼仪象征。这样的现实困境推动了内蒙古民族服饰“非遗化”的进程，借助国家文化遗产保护机制，把内蒙古民族服饰从濒危的生活传统中“拯救”出来，并且赋予其全新的文化内涵与价值。

内蒙古民族服饰成为国家级非遗代表性项目之一，首要原因在于其拥有深厚的历史文化价值。内蒙古民族服饰的发展历程历经千年，见证了游牧文明的形成与演变，它是草原自然环境与生产方式的产物，又在形制、色彩与图案方面体现了蒙古民族的宇宙观与价值观，完全契合非遗项目所强调的“承载民族记忆与文化价值”这一基本特征。内蒙古民族服饰有独特的艺术与工艺价值，蒙古袍宽大的造型、复杂的镶边以及精美的刺绣，呈现出蒙古族独特的游牧美学，传统盘扣、皮革鞣制、熏皮等手工技艺既是劳动智慧的结晶，也是人类非物质文化遗产中珍贵的工艺资源，然而在现代服饰的冲击下，这些工艺面临失传的困境。将内蒙古民族服饰纳入国家级非遗体系，实际上是对这些濒危技艺进行抢救与保护，是对传统工艺价值的认可，也是对文化多样性的尊重。另外，内蒙古民族服饰的“非遗化”还承载着重要的社会与政治意义。在国家统一多民族的文化格局下，保护内蒙古民族服饰是对少数民族文化的尊重与肯定，是构建中华民族共同体意识的关键举措。内蒙古民族服饰作为国家级非遗项目，既凸显了民族文化的多样性，又体现了国家在文化政策层面重视少数民族文化传承。这种制度化的保护方式，使内蒙古民族服饰不再局限于草原牧民的生活圈，而是进入更广泛的社会公共领域，成为展示民族文化的关键窗口。在各类文化节庆、国际交流活动以及旅游产业中，内蒙古民族服饰被作为代表性符号呈现，实际上是民族文化“再生产”的过程，把传统服饰转化为文化符号和经济资源，服务于当代社会的发展需求。

然而，内蒙古民族服饰作为国家级非遗项目，它的保护和传承依旧面临着不少困境，传统与现代之间存在着难以调和的矛盾。一方面，传统服饰注重手工技艺以及民族特色，而这大多时候和现代社会对于效率与时尚的追求产生冲突，市场上流行的“新蒙古袍”，虽说在形式上保留了一部分民族元素，可是在工艺与内涵方面已经有了很大程度的简化，很难真正呈现出传统的深度。另一方面，如果一味地坚守传统而不进行创新，内蒙古民族服饰就容易陷入“博物馆化”的尴尬境地，失去与现实生活的关联。怎样在传统与现代之间寻找到平衡，是内蒙古民族服饰非遗保护的关键问题。传承群体的断层问题变得日益严重，传统内蒙古民族服饰的制作需要花费很长时间去学习与积累，但是现代的年轻人大多选择进入城市就业，缺少学习手工艺的动力，许多古老工艺仅仅由少数老艺人掌握，而随着这些老艺人渐渐老去，这些技艺面临着失传的风险，这种“后继无人”的情形成为内蒙古民族服饰保护的最大隐患。尽管近些年来部分高校和研究机构开设了相关课程，还把内蒙古民族服饰研究纳入学术体系，但这种“学院化”与“生活化”之间仍然存在着距离，难以真正形成广泛的社会基础。

内蒙古民族服饰的文化价值在现代社会面临“符号化”与“表演化”风险，旅游演出、节庆活动中，蒙古袍常被简化成外观民族符号，深层文化内涵遭削弱，这种“消费化”倾向虽能提升知名度，却易导致文化意义浅表化，让内蒙古民族服饰沦为表演道具，失去文化遗产的深厚内涵。珍惜传统不是机械复制，而是要认识传统特色部分并在现代社会完成创造性的转化。

面对上述困境，内蒙古民族服饰的非物质文化遗产保护工作需要在多个方面展开综合性的努力，要构建更为完善的传承人培养机制，借助政府给予的扶持、社会力量的积极参与以及学术机构之间的合作，鼓励年轻一代去学习传统服饰制作技艺，设立“非遗工坊”，使得传统艺人可传授自身技艺，结合现代教育体系，提升手工艺在社会中的地位以及经济价值。为了推动内蒙古民族服饰在现代社会里的创新应用，要与现代时尚设计相结合，开发出契合当代审美以及生活需求的新型蒙古族服饰及其周边产品，使其不仅在节庆活动和仪式场合中出现，也可融入日常生活当中。如此这般的创新既可以延续传统的生命力，又可提高文化对于现实的适应性。

还需强化内蒙古民族服饰的学术研究以及国际传播。借助民族学、历史学、艺术学等多学科展开综合研究，深度挖掘内蒙古民族服饰的文化内涵以及历史价值；借助国际交流平台，把内蒙古民族服饰推向世界，使其成为展示中华民族多样性与创造力的重要名片；在数字化时代，也可依靠建立内蒙古民族服饰的数字档案、虚拟展示以及线上课程，实现对传统服饰的系统性保护和传播。

内蒙古民族服饰作为国家级非物质文化遗产，是民族历史的见证，也是当代文化创新的关键资源。从申遗到保护，从传承到创新，它历经了从“生活之衣”到“文化之衣”的转变，就像非遗保护所强调的，传承的意义不是把传统凝固，而是让其在新的社会语境里继续生长。内蒙古民族服饰的非遗化进程正是这一理念的具体实践，它提示我们，传统文化只有和现实生活相结合，才会焕发出真正的活力。未来，内蒙古民族服饰将在非遗保护与文化创新的双重推动下，作为中华民族文化宝库中的关键组成部分，呈现其独特的魅力与生命力。

第 2 章

内蒙古民族服饰数字化现状及创新的必要性

2.1
民族服饰发展的困境与数智化转型策略

2.1.1 各民族服饰发展面临的共同困境

中国各民族的服饰作为民族文化的关键载体，承载着丰富的历史记忆，然而随着现代化进程的加速，民族服饰的传承以及发展遭遇了多重困境。

民族传统文化传承出现断裂或者弱化的问题

在科技飞速发展的当下，民族地区的年轻人受到潮流文化的冲击，对本民族文化的认同有所淡化，甚至有人觉得民族服饰是“土气陈旧的文化”。同时，从应用场景来看，西装等现代服饰的穿着更为频繁，民族传统服饰的穿着频率大大下降，民族特色渐渐走向边缘化。另外，传统服饰的制作技艺繁杂，成本高，不少手工工序只有老一辈人掌握，致使传承链条面临风险。有研究显示，因为服饰工艺复杂且耗时，成本一直居高不下，这些服装难以进行大规模生产，只在重大节庆的时候才会被年轻人穿戴，结果民族服饰文化出现“只留下节日服饰，平时流行时装”的现象，传统服饰逐渐沦为历史的见证。

产业化路径存在局限性且挑战较为明显

传统民族服饰大多采用纯手工以及天然材料制作，难以实现标准化生产，产业链条较长，供给侧短缺致使整体产业规模以及竞争力不足。实地调研显示，民族服饰生产需要投入大量的人力以及时间，成本高且难以复制，其较高的价格难以被大众市场所接受，限制了市场规模以及发展空间。大部分民族服饰的销售渠道狭窄，只在传统集市或者节庆展会中销售，缺乏有效的现代渠道以及品牌运营；大部分产品只能局限于本土，难以迈向更广阔的市场。

数智化转型滞后或难度显现

在当前数字经济时代的背景下，少数民族服饰急需借助现代信息技术注入新的活力，但实际情况是这一转型进程在少数民族地区相对滞后。一方面，少数民族地区的数字基础设施以及技术应用能力与发达地区仍存在差距，数字鸿沟使得许多民族文化难以充分进入数字空间；另一方面，传统传承模式尚未有效利用数字技术工具，比如数字档案、3D建模等，导致宝贵的服饰资源未能被系统保存以及传播。数字时代为民族服饰的保护以及传播提供了契机，但相关应用尚处于初步阶段。

社会认知与现代审美的偏差及融合困境突出

现代社会对民族服饰往往缺乏足够的认识，一些人将其视作节庆的“服装道具”或者“过时的审美元素”，而非日常生活的一部分。现代审美与传统审美也存在差异，不同文化背景下的审美标准使得民族服饰难以融入主流时尚环境，尽管有学者以及传承人尝试将传统元素与当代时尚相结合，但如何在保留民族特色的同时满足现代消费者的审美需求，依旧是一个难题。

2.1.2 内蒙古民族服饰的传承现状与困境

内蒙古自治区是我国多民族聚居的区域，有多项传统工艺被纳入国家级非物质文化遗产名录，然而在实际的传承与保护方面却面临着十分严峻的挑战。以2014年被列入国家级代表性项目名录的鄂温克服饰为例，传统鄂温克服饰在夏季主要采用绸缎材质，冬季则以皮毛为主，其款式和图案都有着深刻的寓意。可是随着生活方式发生变化，寒冷地区的人们更多地选择穿现代羽绒服，除了节日盛装，鄂温克服饰渐渐从日常生活中消失，年轻一代穿戴鄂温克服饰的频率明显降低。与皮毛加工紧密相关的繁重“熟皮子”手工技艺非常烦琐，年轻人对此缺乏兴趣，传承工作难以继续下去。虽然地方传承人尝试把传统工艺与现代元素相结合，开发出融入时尚元素的服饰和工艺品，以契合人们对民族服饰独特性的需求，不过这类传承依旧是以家庭作坊式的口口相传以及零星培训为主。

达斡尔族的服饰同样面临一些问题。在内蒙古莫力达瓦达斡尔族自治旗蕴藏着极为丰富的达斡尔族服饰文化，可是传统服饰以及手工艺品在现代市场当中的普及程度并不高。近些年来，有一部分传承人和创业者加大了保护与创新的力度，他们与民间匠人展开合作，着手开展达斡尔族服饰的学习研究工作，并且基于此进行改良以及自主设计，开发文创产品。最终这些产品借助线下渠道以及电子商务渠道来进行销售，年销售额可达到数百万元，实现了民族文化与经济效益的双丰收，然而这样的做法仍然只是个别案例，大多数民族服饰手工艺项目在生产工艺、品牌化以及市场化等方面依旧较为薄弱，产业供给侧结构性问题并未得到根本性的解决。

内蒙古民族服饰目前面临着十分突出的传承压力。一些蒙古族服饰文化推动者及手艺人希望能够搜集、梳理民族服饰的历史以及特征，并且积极尝试简化传统蒙古袍等服装的穿着方式，打造出方便日常穿着的简化款式。在政府以及各类组织的支持下，不少年轻人前来拜师学艺，借助文献以及影像去记录内蒙古民族服饰的工艺与样式。然而面对快节奏的现代生活，精细的制作工序以及多层次的民族服饰大多被简化或者替代，许多高难度工艺正处于“后继无人”的危险边缘。

内蒙古民族服饰的传承机制依旧比较粗放，大多依赖老艺人和家庭传承，生产工艺以手工为主，技术传习存在困难，在创新方面也十分欠缺；市场渠道多局限于民族节庆和旅游景点卖场，缺少有效的品牌推广和现代营销手段；年轻人对传统服饰的接受程度各不相同，缺乏日常体验。政府出台了多项扶持政策并举办非遗展演活动，实际效果还有待观察。当前，仍然需要强化机制创新，建立实际保障措施，要在传承人培养、技艺传授和市场拓展等方面付出更多努力。

2.1.3 以数智化为主导的民族服饰改善策略

针对内蒙古民族服饰发展困境，融合现代技术发展，应借助数智化路径和产业协同发展模式为民族服饰发展提供新的模式。数字化与智能化策略路径如下。

完善数字建档与保护

通过融媒体技术借助数字存储与保护手段，可实现文化遗产的系统留存以及传播，构建完备的民族服饰数字档案库，针对传统服饰展开高精度数字化采集与存储，囊括图案纹样、缝制工艺、服饰结构款式等多方面信息。借助大数据、云计算以及人工智能技术，实现服饰文化遗产的永久保存且方便检索。数字档案可作为学术研究和教育资源，还可以为后续创作与复刻提供素材。对于内蒙古民族服饰来说，在各旗县非遗保护单位设置数字化工作室，定期扫描并保护关键服饰实物与口述资料，打造多语言数字服饰博物馆，为民族服饰的长久传承提供“智力支撑”。

AIGC生成式应用与设计创新

借助人工智能的创意生成能力，把传统服饰以及服饰纹样同现代设计结合起来，利用AI算法自动生成契合民族风格的服饰款式，可以大幅度提升设计效率，有效地达成降本增效及按需定制的目标。实践情况显示，企业只要输入设计需求和主题风格，便可获取AI生成的原创设计，为批量生产提供相关素材。同时，基于内蒙古传统纹样，运用生成对抗网络等技术来生成新图案，如此既能保持传统艺术性，又能契合现代审美需求。

虚拟试衣与文化元宇宙展示

以“AI换装”以及“电子试衣”为典型代表的新技术呈现出快速发展的态势。借助AR/VR等技术，传统服饰文化可突破时空方面的限制，面向全球受众进行沉浸式展示。民族风服饰同样可以搭建虚拟试衣平台以及“文化元宇宙”展厅，使公众在虚拟环境中体验民族服饰。在内蒙古非遗博物馆或者线上平台，都可以构建蒙古袍、织绣等传统服饰的三维虚拟模型，再配合讲解以及互动体验，让年轻人仿佛“身临其境”般感受草原服饰文化。利用区块链和NFT等技术，可以为珍贵服饰图案开展数字确权以及交易，探索新型文化产业模式。

新媒体传播与电商渠道

当下直播带货以及短视频已然成为非遗项目传播的全新趋势，可充分借助电商以及短视频平台来推广民族服饰与文化，鼓励民族服饰传承人和创业者成为“网红匠人”，在抖音、快手等平台直播制作并且穿戴传统服饰。新媒体的互动性与趣味性可使更多公众关注民族服饰文化。同时，强化对传承人电子商务运营能力的培训，引导他们建设品牌旗舰店，开设直播间，拓宽市场渠道，提升产品附加值以及认同度。

教育传承与旅游融合

在教育领域，把民族服饰文化融入教育实践中，借助校园非遗课程与社区传承活动，促使青少年自幼便能接触民族服饰工艺，促进文化交流与交融。例如，在学校开设民族服饰制作体验课程，或者组织学生参与手工坊学习绣花、扎染等相关技艺。在旅游方面，可凭借民族节庆以及景区资源举办服饰主题展览与表演，使得民族服饰走进群众生活，以此推动优秀传统文化实现创造性转化与创新性发展。政府还可在乡村振兴以及文化扶贫项目里扶持民族服饰产业链的建设，推动服饰文化与手工艺、旅游纪念品、文创产品等相互关联发展，实现服饰文化的社会化以及市场化传承。

化解民族服饰传承困境需借助数字化技术与产业协同，共同发挥作用。借助数字建档、AI创新设计、虚拟现实体验以及新媒体传播等数智化手段，既能延续传统，又可拓展产业空间。借助教育赋能、社区传承和旅游结合的方式，使民族服饰重回日常生活，变得可见可试，激发全社会的关注与参与。唯有将传统与现代、科技与文化紧密融合，方能让丰富多彩的民族服饰在当代社会焕发出新的生机。

2.2 内蒙古民族服饰的数字化现状

内蒙古民族服饰身为中国北方草原文明里极为关键的文化符号，长久以来依靠口传心授、手工打造以及节庆仪式得以延续。步入数字时代之后，其文化保护和创新的需求变得越发急切，数字化转变已然成为非遗保护与创新过程中破解“保护难、传承难、创新难”问题的关键途径。然而蒙古族民族服饰当前阶段的数字化建设仍旧处在初步探索的时期，整体上呈现出资源匮乏、标准缺失、技术应用不均衡以及平台化进展受限等多种特征。

就数据资源而言，内蒙古民族服饰的数字化建设存在着较为严重的欠缺。尽管有部分高校以及研究机构着手进行内蒙古民族服饰纹样数据库与影像资料的收集工作，然而整体规模不大，覆盖范围也比较单一，多数集中于蒙古袍、腰带、帽饰等典型项目，对于28个部落的差异化服饰缺少系统整理。部落特有的纹样、工艺流程以及礼仪背景没有被完整记录，致使数据残缺、碎片化的情况普遍存在。更糟糕的是，数据的真实性和权威性无法得到保障，一些仿制品以及商业化改良款也被混入数据库里，让研究人员在使用时遭遇“真伪难辨”的难题。这种情形不仅对学术研究的深度产生影响，还直接限制了人工智能模型在训练时的准确性，使得生成结果大多偏离了民族服饰的真实特性。

在数据标准化这一领域，当下内蒙古民族服饰数字化的状况是尚未构建起统一的规范，传统的数字化工作，大多只是停留在图像扫描、视频录制以及文字记载等方面，对于服饰多维属性的数字化缺少系统化的编码。例如，服饰的色彩体系、工艺流程、纹样符号以及使用场景一般仅仅是用描述性文字来记录，缺乏可用于计算的元数据结构。这样一来，数据库在进行跨平台整合以及智能检索的时候，就会面临较大的阻碍。蒙古族传统服饰在引入知识图谱、IIIF协议与CIDOC CRM等语义建模规范这件事上，也存在着十分突出的不足。内蒙古非遗保护的一些机构和网站尝试构建“服饰—工艺—纹样—地域—传承人”这样的关系网络，但目前还只是处于小范围的试验性阶段，在区域层面还没有形成规模化的应用。标准的缺失致使资源互通受到阻碍，不同平台之间的数据无法实现对接，学术研究、设计创新以及产业应用难以共享同一个数字基座。

在数字平台建设领域，初步构建了两类颇具代表性的系统：一类是综合性的“内蒙古传统民族服饰数据库”，该数据库收纳了28个部落的典型服饰样式以及与之相关的配饰信息；另一类是专业化的“蒙古族传统服饰纹样数据平台”，此平台整理出500余种传统纹样，并且在AI辅助下生成了100余种创新纹样。这些平台的建成意味着民族服饰数字化取得了实质性的进展，为学术研究、传承教育以及设计创新提供了基础支持，然而从功能角度审视，这些平台大多处于“存档—展示”的层面，数据调用的交互性欠佳，尚未构建起开放共享、动态更新的数字化生态体系，平台之间缺乏相互连通，资源利用率不高，难以契合大规模AI训练以及跨领域研究的需要。平台的运营主要依靠政府或科研项目的短期投入，缺少长期资金与产业化机制的支撑，致使其可持续发展遭遇挑战。

从人工智能应用方面来看，内蒙古民族服饰数字化已有了一些突出之处。借助引入的生成对抗网络（GANs）、风格迁移以及潜在扩散模型（latent diffusion models），研究人员在一定程度上可实现传统纹样的自动识别与生成。例如，在Stable Diffusion平台上利用LoRA模型训练有内蒙古民族服饰风格的小模型，仅仅需要30 ~ 60张样本图便可获得相对稳定的视觉效果，这为民族服饰的智能化生成以及创新性再设计提供了新的可能性。不过这类尝试目前仍处于试验阶段，并且对操作人员的技术要求颇高。与国际大模型平台相比较，本土化模型虽说具有可控性以及低成本的优势，但其生成结果依旧受到训练数据规模与质量的制约，经常会出现“形似但神不似”的状况。

AI生成依赖提示词与人工筛选，生成内容的文化契合度仍需人机协作把关。AI给内蒙古民族服饰数字化带来了机遇，但其真正价值还需更大规模的数据支持和更成熟的产业化应用来释放。在应用推广层面，数字化成果的社会认知和产业转化程度有限，内蒙古民族服饰数字平台主要服务于学术研究和教育，未广泛进入时尚产业、文创开发与旅游经济。部分设计师用AI生成的纹样来开发服饰与文创产品，因缺乏系统的市场推广与品牌运营，未形成规模化效益。普通公众对民族服饰数字化认知有限，多数人把它当作博物馆展品或节庆服饰，而非日常可穿戴的时尚元素，这种社会认知滞后，使数字化成果难以形成广泛文化共鸣，削弱了其在社会生活中的存在感。传承人群体与数字化存在明显技术鸿沟，传统工艺人对数字化工具不熟悉，缺乏操作能力和学习意愿，数字化团队则忽视文化语境和工艺细节的把握，“文化与技术脱节”造成数字成果与传统价值断裂，使数字化成为“孤立技术实践”，未能真正融入民族地区日常传承。所以，建立区域友好数字化培训体系，推动传承人群体参与数据采集、模型训练与平台运营，是当前要解决的问题。

总结上述内容，内蒙古民族服饰数字化现状有以下问题与特征：数据资源匮乏且呈碎片化，缺乏完整覆盖与系统整合；数据标准缺失，资源互联互通受阻；平台建设初步成型，但功能单一，缺少持续运营机制；人工智能应用有潜力，但受数据与人才瓶颈限制，难以大规模推广；社会认知与产业转化不足，数字化成果未广泛融入社会生活与经济体系。这些特征相互交织，使内蒙古民族服饰数字化处于起步探索、局部突破的整体滞后阶段。

在数据不够充足、标准尚未确立以及智能化平台开发应用尚处于初级阶段的背景下，内蒙古民族服饰的数字化呈现出了极为可观的潜力以及广阔的发展空间。随着人工智能和大数据技术的不断迭代更新，再加上政策层面、产业领域以及学术界的持续关注，未来内蒙古民族服饰的数字化建设有希望完成从“存档保护”到“动态再生”的转变，从“局部探索”迈向“系统平台”，从“学术研究”延伸至“社会生活”。当前的数字化状况虽然存在着诸多不足之处，然而智能时代也为民族服饰在新时代进行创造性转化以及创新性发展提供了历史性的机遇。

2.3 内蒙古民族服饰作为非遗的“保护难、传承难、创新难”问题

2.3.1 内蒙古民族服饰保护难的现状与挑战

内蒙古民族服饰为国家级非物质文化遗产，正遭遇实物服饰资源及数字档案资料短缺的状况。长期以来，因保护意识与传承机制滞后，大量传统服饰实物没能被系统收集并妥善保存，一些珍贵服饰样本遗失或损坏，一些代表性作品因手艺人离世且缺乏保护而永远消失，这让具有强烈地域性与历史性的内蒙古民族服饰保护面临着严峻挑战。同时，内蒙古民族服饰与图案等资料收集归档不足，档案缺失且混乱，尚未形成统一且高质量的数字化存储标准。当前，传统民族服饰的元数据采集没有统一的规范和标准，采集后的元数据也未对内涵进行深入挖掘，这不利于传统民族服饰的传承与发展。由于缺少统一的数字元数据标准和编码体系，服饰文物的信息分散在各地博物馆、民族文化机构以及民间传承人手中，管理混乱且存在重复建设，资源共享程度较低。以区域性非遗保护为例，普查时大量珍贵文物曾被各县级部门收集，然而因缺乏专业人员与监督机制，这些档案资料出现了分散、遗失、破损等情况。上述情形说明，内蒙古民族服饰既面临因原始资料遗失而需要补救的问题，又要应对数字化管理标准匮乏、系统化建设不足的难题。

面对上述“保护难”的状况，借助数字化、智慧化方式构建内蒙古民族服饰非遗保护体系成为必然选择，要完善数字档案与数据库建设。内蒙古师范大学设计学院牵头成立的内蒙古民族服装服饰研究会，提出“积极推进蒙古族服装服饰的数字化资源库建设、可视化集成展示系统与传播平台建设”。广东省在大型非遗普查之后，建设了非遗资源数据档案库，实现全省非遗资源的动态管理。这些案例说明，建立全国统一的民

族服饰数字档案库并配备完善的数据管理平台，是解决档案散乱、资源共享度低等问题的关键途径。同时还应借鉴并实施国家文化行业标准，如中华人民共和国文化和旅游部发布的标准《非物质文化遗产数字化保护　数字资源采集和著录　第9部分：传统技艺》（WH/T 99.9—2023），为系统、科学地开展非遗传统技艺数字采集提供了具体规范，可打破各部门独立采集的局面。

先进技术的运用给服饰实物保护提供了技术方面的支撑，三维扫描以及数字化重建可精确记录服饰的形态、纹理以及制作细节，构建数字化藏品。杜尔伯特蒙古族自治县博物馆、内蒙古商贸职业学院服饰展览馆借助AR技术实现了服饰的“虚拟试衣”体验，游客可扫描自身形象，系统会自动识别身形并叠加不同历史时期的内蒙古民族服饰，同时还配有文化解说。博物馆还开发了针对关键文物的3D扫描功能，能让参观者凭借虚拟现实技术360度查看展品细节，并且了解其历史背景以及制作工艺。借助这样的方式，就算实物比较罕见或者容易损坏，也可在数字空间里永久保存并且对公众开放。类似的虚拟博物馆和数字典藏项目也值得进行推广，国内已经有贵州非遗数字资源库的实践，利用数字化技术高效编码和存储非遗纹样，供设计师和公众查询、创作。这些案例说明，结合3D扫描、数字建模等技术手段，可为内蒙古民族服饰原型的保护提供数字备份，为学术研究、教育与展示开拓新途径。另外还需要强化顶层设计，建立跨部门、跨地区的数据共享与保护机制，非遗保护部门与博物馆、档案馆、科研院所应该协同合作，形成顶层设计结合地方执行的联动机制。制定服饰非遗的统一数字化标准和元数据规范，推广数字典藏平台和知识库建设，才可有效阻止宝贵资料再次流失。上述数字化路径，保留了服饰文化的“血肉”，也为长期保护奠定了技术基础，为内蒙古民族服饰这一非物质文化遗产续写新的数字篇章。

2.3.2 代际断层与年轻挑战

内蒙古民族服饰的传承不仅要依靠档案与实物，更应扎根于社区和家庭的活态实践。当下社会结构发生变化，使得传承机制逐渐变弱，在城市化进程和产业现代化的背景下，不少少数民族聚居区的年轻一代离开家乡，留守的手工艺人群体大幅减少，出现了十分突出的传承断代情况。调查显示，我国国家级非遗项目代表性传承人有3000多名，但是多数年龄偏大、数量不多、后继无人，一旦老艺人去世，技艺就会面临失传的困境，比如丰宁满族剪纸等地方项目曾因缺少接班人而出现断层。另外，现代年轻人对传统服饰文化兴趣不高，有数据显示近65%的“90后”和“00后”觉得非遗技艺与现代生活距离远，兴趣不大，这让原本口耳相传、师徒授艺的传承模式难以在新一代中继续，在传承主体稀少、代沟加大的状况下，只依靠传统方式已不能契合持续传承的需求。

面对传承出现阻滞的情况，需要探索运用数字智能手段来重建传承的新模式，例如依靠虚拟沉浸式体验方式来拉近与年轻人之间的距离，借助VR、AR等技术让年轻人可以身临其境地去感受民族服饰文化，如此便可以激发他们对民族服饰文化的兴趣。“当‘AI遇见非遗’”项目依靠沉浸式互动来吸引青少年，利用AI识别与交互，“我为妈妈做件旗袍”项目让孩子可在线设计旗袍并且生成真人演示视频，这些都体现了科技让传统服饰“活”起来的可能性，年轻人以新的方式激活了非遗。在北疆地区的博物馆或者展览之中可搭建“数字草原”主题空间，借助AR试衣、人机交互等功能，让观众虚拟穿戴古今内蒙古民族服饰，与年轻人产生联动。武汉纺织大学在数字教育大会上推出了“智绘云裳”AI换装系统以及三维虚拟试衣实训平台，参与者站在屏幕前，系统就会自动为其换上汉服、旗袍等服饰，并且将东湖、黄鹤楼等文化场景融入图像，学生可借助3D人体测量、服装智能设计与点云映射等技术，在虚拟空间完成从建模到试衣的整个流程的实践，体验者源源不断。这些案例说明，数字沉浸式体验把原本专业领域的服饰文化转变为易于大众接受的新媒介，对培养年轻一代的文化认同感有很大帮助。

人工智能教学系统以及远程互动为传承提供了全新模式，在工作坊或者课堂中引入人工智能与多媒体工具，可弥补手工课堂在时间以及空间上的局限。例如，在中国传媒大学的非遗工作坊里，学生们借助体验AI影像、雷达交互装置以及VR可穿戴设备等先进技术，去探讨科技与传统文化的融合趋向。依靠引入智能算法以及机器学习，人们认识到非遗技艺可被智能化改造与升级，既能在保留传统内涵的前提下创造出有现代感的创新作品，还可开展远程互动工作坊，借助网络平台让传承人直接与学员连线教学，推出线上非遗课程以及系列讲座，使得地域限制不再成为阻碍。运用数字化的教育方式正逐渐成为培养新一代服饰传承人的关键途径，应当善于利用新媒体，让非遗融入年轻人的生活，充分运用短视频、VR、直播等形式，使文化内容契合青年语言，让更多青年在沉浸式体验以及互动过程中了解并热爱民族服饰。

综合来看可发现，传承途径的重构重点在于兴趣的提升以及文化再造，一方面要让传承人群体实现多元化与年轻化，另一方面要使技术成为传承的助力，借助构建虚拟现实平台、AI引导学习以及在线交流合作社区，促使年轻人在看到非遗服饰文化的同时，还可以参与其中，如此方可让内蒙古民族服饰的技艺持续传承、长久发展。

2.3.3 文化与市场的深层矛盾

创新对于民族服饰焕发出新的生机而言非常关键，然而在实际情形里，创新大多会遭遇文化内涵与市场需求脱节的难题。传承手艺人中有不少只是凭借以往的经验，并不愿意去进行创新。一方面，在一些“前店后厂”的工作坊中，手艺人由于生存压力而开展的创新设计显得比较表面化，仅仅是把民族符号简单地拼凑在产品的表层，并没有对符号背后的文化内涵有深入的领会。当下许多少数民族文化符号的文创设计师仅仅是将符号当作一种装饰，随意地放置在产品上，并没有真正去理解和提炼这些符号背后所蕴含的民族文化内涵，这样的设计一般会显得单调无趣，很难吸引消费者的注意。例如，在内蒙古民族服饰创意产品设计过程中，只是把特色民族元素剪裁拼贴到现代服装上，却没有结合当地的审美观念以及深厚的文化故事，这往往会被市场看作“花瓶”或者过度商业化的产物，让消费者难以产生认同感。这种对符号的滥用致使产品缺乏深度和生命力，无法维持持续的市场生命力。另一方面，创新也不可脱离现实市场的需求，不然产品很难在市场上立足，就像好的文创设计取得成功，一定在于深入挖掘文化内涵、关注市场需求并且不断创新，只有如此才能推出契合审美又能传递文化精髓的优秀作品。要是忽略了市场反馈，只是单纯地由“专家做文化”，就有可能导致设计脱离群众，出现一哄而起又迅速冷却的状况。

应用新技术的误区同样增加了创新难度。当下有一些研究尝试借助人工智能生成民族服饰图案与样式，然而因训练数据有限或者算法理解不够，或许会产出与民族文化不相符、难以理解的抽象成果。对于这类问题，要明确技术仅是辅助工具，就算运用AI技术去展示以及传播服饰文化，也得把文化传承的严谨性和数据准确性当作基石，AI只是表达的工具，并非文化内容的主体。这就需要创新者一方面广泛吸收前沿技术知识，用好智能工具；另一方面要尊重传统文化内涵，认真向文化传承人请教，保证作品在文化本质上不出现偏离。

在数字智能时代的大背景下，可探索的创新路径呈现出以下丰富多样的态势。

• 生成式人工智能创作平台。内蒙古师范大学团队自主研发的“北疆智韵”AIGC平台，依据北疆文化的特征构建起AI模型，囊括了民族服饰、文创产品、动漫以及艺术设计等多个领域，极大地拓宽了民族服饰创意的想象空间。设计师可借助该平台迅速生成富含蒙古族元素的款式方案，为创新提供全新的思路。

• 数字共创协作平台。搭建起设计师与民间传承人的在线协作社区，促使传统技艺与现代设计师一同参与项目孵化。这种共创模式可集中发掘并评估本民族文化元素的准确性，避免盲目滥用不相关资料，同时还能结合消费者的反馈实现群体的迭代优化。

• 运用虚拟试衣与元宇宙展示等手段。借助3D虚拟服饰技术以及服装元宇宙平台，让消费者可在线试穿蒙古族风格的服饰，参与设计交互反馈，这样能够促进设计创新，加强文化引领。

优秀的创新要将文化与创意相结合，使产品既能成为传播的载体，又能契合现代审美需求，推动服饰创新。另外还需要学者、设计师与传承人紧密合作，既保持文化的原创性，又能灵活运用数字技术以及市场运营逻辑，才可真正解除创新难题。面对“创新难”这一课题，应当从文化自觉与市场导向两个方面协同发力，一方面要深入挖掘内蒙古民族服饰文化的历史精神与艺术价值，运用现代语言重新诠释其内涵与价值；另一方面要利用好人工智能创作、数字平台以及虚拟技术等数智化路径，构建符合时代审美以及消费心理的设计开发手段与工具。凭借科技赋能与文化回归的双重策略，内蒙古民族服饰的创意突破才可真正得以实现。

2.4
北疆文化与内蒙古民族服饰的关系

2.4.1 北疆文化的基本内涵

北疆文化是围绕内蒙古自治区北部边疆地区而形成的有独特性的地域文化，它是各个民族历经长时间交往交流交融后所产生的成果。内蒙古处于我国东北、华北以及西北交汇的北部边疆位置，自古以来便是匈奴、乌桓、鲜卑、突厥、契丹、女真、蒙古、汉等众多民族繁衍生息的地方。北疆文化融合了农耕与游牧这两种文明传统，黄河流域的农耕文化与塞外草原的游牧文化在这个地方交汇共生，形成了兼容并蓄的文化景象。河套地区历经了多次农牧互替的历史过程，草原文化、农耕文化、黄河文化、长城文化在这儿不断地融合，共同构成了北疆文化的起源。

地理区域与民族结构

北疆文化以内蒙古自治区作为主体部分，包括锡林郭勒盟、赤峰、呼伦贝尔、乌兰察布等北部区域，此地地域广阔，人口稀少，有着十分突出的草原以及北方游牧的地理特征。内蒙古属于多民族聚居的区域，除了主体民族蒙古族之外，还有汉族、达斡尔族、鄂温克族、鄂伦春族等40多个民族。各个民族在同一地域长时间共同生活，一起守护边疆、创造生活，形成了典型的“多元一体”格局。

文化历史特征

北疆地区自古以来便是农耕文明与游牧文明相互补充、相互融合的区域，在历史长河中，匈奴、柔然、契丹、蒙古等游牧帝国，与中原王朝在此地频繁地进行交锋以及交流，使得这里的文化带有草原游牧与农耕田园同时并存的双重传统。这种多元文化的积淀让北疆文化拥有丰富的历史内涵，其中有草原文化那种“热烈奔放、勇猛刚健”的风格，又有农耕文化“勤劳质朴、崇礼亲仁”的气质。在实践过程中，北疆各族人民共同弘扬蒙古马精神以及“三北精神”，凭借无畏开拓和坚韧的精神融入中华民族精神谱系，这些都是北疆文化历经长久时间依然充满活力的生动体现。

精神价值与社会意义

北疆文化的核心价值聚焦于“铸牢中华民族共同体意识”以及“爱国、忠诚、奉献”的理念，其着重强调各民族之间“心手相牵、守望相助”，充分呈现出边疆各族人民团结互助的传统。习近平总书记在多次针对内蒙古的关键指示当中提及“北疆”，提出“把祖国北疆这道风景线建设得更为亮丽”“建设祖国北疆安全稳定屏障”“在祖国北疆构筑起万里绿色长城”等内容，将北疆文化建设与国家边疆安全、生态安全紧密联系在一起。在新时代的背景下，北疆文化被赋予了更多的时代使命：打造北疆文化品牌就是要推动文化建设，增进文化认同，构筑各民族共有的精神家园，铸牢中华民族共同体意识，要向世界展示并传播中华优秀传统文化，成为在国际舞台上传播中国文化、发出中国声音的践行者。由此可看出，北疆文化不只是内蒙古的地域文化标识，更是国家文化安全以及中华民族共同体建设的关键力量。

2.4.2 内蒙古民族服饰的价值与功能

内蒙古民族服饰作为北疆文化里极为关键的物质载体以及象征符号而存在，像蒙古袍这类传统服饰，承载着草原游牧文明所独具的审美以及技艺方面的精髓，被称作草原文化的“标志性符号”。传统的蒙古袍长度较长且质地厚实，十分利于骑乘，其设计风格带有浓厚的草原特色，这些服饰除了注重功能性外，还融入了大量的民族纹饰与工艺，呈现出各部落历经千百年所形成的审美意趣。内蒙古民族服饰的美学和技艺反映出北疆地区“多民族大融合”的典型特性，是各民族在草原文明中共同创造出来的文化艺术结晶，是北疆文化里有关民族融合的“非常生动的现实表达”。

促进国家多元文化形象构建

内蒙古民族服饰为中国民族文化的代表之一，在塑造中华民族多元一体国家形象上有着重大作用：一方面，民族服饰起源于草原，它呈现出了中华民族共同体所具有的丰富内涵与包容特性；另一方面，其鲜明的地域风格以及独特的工艺，让它成了呈现民族风情与文化自信的一扇窗口。内蒙古民族服饰文化是传播“蒙古马精神”的视觉符号之一，它是草原文化的典型象征，也向国内外传达出了中国少数民族的创新与活力。

促进民族文化对外传播

民族服饰乃是文化传播的关键载体。近些年来，内蒙古将民族服饰当作展示独特地方文化以及吸引中外游客的关键平台，积极大力地举办服饰艺术节、文化展演等各类活动。比如，内蒙古每年举办的博览会已然成为国际性文化交流盛会，吸引了蒙古国、俄罗斯等国家的民众参与其中。借助服饰展演、时装秀、创意服饰展览展销等多种形式，可让世界各地的观众直观地领略到草原文化的魅力。民族服饰作为向游客展示独特地方文化的有力载体，提升了内蒙古旅游的知名度与美誉度。这些活动促进了文化交流，提高了内蒙古民族文化在国际舞台上的影响力，为中国文化输出增添了鲜活的内容。

促进文旅融合发展

内蒙古民族服饰在文旅产业中有着关键作用。地方政府深入挖掘民族历史文化资源，促使旅游和文化相互融合，把服饰文化融入节庆旅游品牌当中，如锡林郭勒盟举办的那达慕活动就融入了内蒙古民族服饰展演，实现了“有北疆特色的冰雪资源与民族特色服饰展演”的有机融合，给游客提供了独特的草原冰雪体验。内蒙古民族服饰艺术节经过多年打造，已然成为内蒙古草原旅游的大型知名品牌活动，在传承草原文化、呈现旅游魅力、推动国际文化交流、增加农牧民收入等方面有着关键作用，各旗县景区也都把民族服饰表演当作文化旅游项目，让游客在参与互动期间加深对北疆文化的认识与喜爱。

促进文化主权维护

民族服饰作为非物质文化遗产里相当关键的一部分，它的保护以及传承对于国家和民族的文化身份与文化主权有着重要意义。内蒙古民族服饰融合了北疆各民族的共同记忆以及文化基因，任何对其历史真实性的歪曲或者遗弃都有可能对中华民族共同体意识造成侵蚀。坚持传承与创新的同时，重视借助教育、数字化保存等办法巩固民族服饰文化，可筑牢文化安全屏障，维护地区稳定和民族团结。

内蒙古民族服饰作为北疆文化的典型代表，不仅是弘扬草原文明、提升中华民族形象的生动载体，而且还是连接传统和现代、国内与国际的文化桥梁，其在国家形象构建、文化传播、产业发展以及文化安全保障等诸多方面发挥着多重功能，为建设“亮丽内蒙古”品牌以及铸牢中华民族共同体意识提供了关键支撑。

2.5 内蒙古民族服饰数智化发展的路径与战略意义

在数字技术与人工智能深度融合的全新形势下，内蒙古民族服饰朝着“数智化”方向发展，可为北疆文化体系的建设以及现代传播能力的提升增添新的动力。内蒙古正积极探寻有地域特色的数字化转型之路，展开来说，数智化发展路径包括建立数字档案与资源库、借助人工智能技术开展服饰图像生成与修复工作、进行虚拟展示及沉浸式体验、推动以服饰元素为核心的文创产品设计等方面。

数字档案与资源平台

首先需要加快构建起系统且完整的民族服饰数字档案。借助“数据湖+知识图谱”这种架构，可囊括服饰器物、辅料、技艺流程、纹样纹饰以及传承谱系等多个维度的信息，达成服饰与技艺、地域、传承人之间的语义关联；引入国际通用的数字标准，能让服饰影像资源拥有跨平台互操作的能力；运用三维建模、增强现实等技术，对传统服饰展开数字化扫描与建模，以支持多角度、多层次的虚拟展示以及沉浸式教学。

人工智能生成与设计创新

人工智能给服饰创意设计提供了创新动力。借助生成式人工智能（AIGC）技术，可依据已有的服饰元素开展风格迁移、图像生成以及残损修复等应用。借助训练有素的内蒙古传统服饰风格的AI模型，如运用Stable Diffusion结合ControlNet技术手段，可让生成的服饰既契合传统审美，又能拥有现代创意。运用人工智能技术还可以对出土的或者损毁的蒙古袍文物进行数字化修复，这对于非遗保护而言是一种全新的方式。把多个现代时尚服饰模型与民族服饰模型相融合，就能产生既有民族特色又带有时代感的新设计。实践证明，将AIGC应用于非遗创新，可突破对传统设计人员的依赖，以较低成本推动少数民族文化创新发展。AIGC在非遗领域可“突破线性思维”，提升创意效率，并且有效弥补区域文化创新不足的问题，使民族服饰在现代语境中呈现活力。在教育培训方面，也可利用AI自动生成民族服饰素材，辅助传承人和设计师进行创作。

创新展示与文创设计

为了让传播效果得到提高，可以借助虚拟现实以及混合现实等手段来打造线上展览以及互动体验。例如，把服饰数字资产嵌入元宇宙应用中，游客只要戴上VR头盔，就能在虚拟草原进行深度互动，或者借助AR移动应用，用户在现实环境里试穿蒙古袍并且了解相关文化。数字博物馆以及在线博览会等新的业态同样可扩大服饰文化的影响力。另外，以民族服饰为主题的文创设计也有着较大的潜力，将传统纹样和现代设计语言结合起来，开发服装、首饰、日用品等衍生品，可形成品牌化产品链，国家艺术基金"内蒙古传统民族服饰艺术数字传播推广"项目就是一个很好的例子，该项目构建了包含达斡尔族、鄂温克族、蒙古族等60余组数字化服饰造型的资源库，借助数字技术重现服饰艺术价值，让多彩的服饰文化在北疆文化园中绽放光彩。这一模式展示了"数字+智能+品牌"融合发展的全链条思路，为其他非遗领域提供了可复制的经验。

对北疆文化体系建设的促进

数智化路径不只是技术创新，还为北疆文化体系增添新的内生动力。数字化的服饰资源库以及智能设计平台可成为跨学科研究的基础，推动文化、科技与旅游等产业融合发展。借助虚拟展示，来自全国乃至全球的受众可以方便地获取北疆文化资源，大幅提高文化传播效率。智能化的服饰文化传播也有利于丰富北疆文化的表现形式，达成"让扎根在北疆大地上的优秀文化在新时代活跃起来、火热起来"的目的。依靠数智化发展培育的一批既了解民族文化又掌握技术应用的复合型人才，会为非遗保护与产业转化不断注入动力。

战略意义与未来潜力

从国家战略层面来分析，内蒙古民族服饰实现数智化是落实国家文化数字化战略以及非遗保护战略的关键实践，这对于应对全球化带来的挑战、提高文化领域的话语权有着积极影响。在边疆意识形态安全方面，完善的数字文化平台可稳固正面宣传以及主流价值观，构建起可靠的数字边疆阵地。从国际角度而言，借助数智化技术讲述"草原故事"，可更有效地向世界呈现中华文化的多样性，提高中国在全球文化舞台上的话语权。运用现代技术手段保护并传播内蒙古服饰文化，对铸牢中华民族共同体意识以及中华民族现代文明建设有着深远意义。未来随着人工智能与数字技术持续取得突破，内蒙古民族服饰数智化有极大的发展潜力：创新型智能平台的搭建以及新媒体技术的应用将拓宽传播场景与受众范围，为北疆文化的长久繁荣注入强大动力。

第3章

人工智能驱动民族服饰的数字化转型与创新方法路径

3.1 人工智能驱动创新设计的方法——从数字化到数智化

3.1.1 数字化与数智化的定义与区别

数字化作为20世纪信息技术革命颇为关键的成果，着重于信息的记录、传输以及呈现。数智化则是在人工智能、大数据、物联网等新兴技术推动下所形成的新阶段，它不仅关注数据的存储，更强调数据的智能加工以及价值转化。在信息化社会持续演进的进程中，“数字化”与“数智化”大多被看作两个连续的阶段，然而二者在内涵、目标、方法以及价值产出等方面存在着本质性的差异。对于设计学科来讲，从数字化迈向数智化的跨越，不只是技术工具的更新，更是设计范式的迭代以及创新方法的重新构建。人工智能的参与，使得设计活动不再局限于“人主机辅”的单向逻辑，而是朝着“人机协同”的共创模式发展。

数字化是指将物理世界的模拟信息转化为可计算、可存储的数字信息，目的是实现现实对象的忠实还原与高效管理。在民族服饰保护中，研究者通过三维扫描与高清摄影将实物转化为数字资源，以便存档与展示。数字化的优势主要体现在信息存储的可靠性、传播的便捷性以及再现的可控性上。然而，数字化本质上是一种“静态映射”，它强调的是现实的数字化复制，而非对数据的深层理解与再生能力。

数智化是在数字化的基础上，再叠加人工智能、机器学习以及数据挖掘等智能技术，让数据从原本的“静态资源”转变为“动态智能”。数智化的目标并非仅仅是简单还原，而是借助算法分析以及模型推演，赋予数据自主判断、预测以及创造的能力。在设计领域当中，数智化意味着设计系统可依据数据自动生成方案、预测趋势并且优化结果，比如AI不仅可以存储内蒙古民族服饰的图案数据，还可依靠深度学习找到其中的美学规律，把这些规律与当代时尚潮流相结合，自动生成全新的设计款式。数智化的优势体现在智能性、创造性以及适应性方面，它可减少人工操作的重复性劳动，还可拓展人类创造力的边界。

经过表3-1中数字化与数智化的对比可发现，两者并非完全相互割裂的两个阶段，而是呈现出递进演进态势的技术形态。数字化给现实世界提供了有高保真特性的信息存储以及再现机制，它是数智化得以实现的前提条件与基础所在。数智化则是在数字化所形成的数据资源之上，叠加人工智能、大数据以及算法模型，赋予数据认知、推理以及创造的能力，达成从“被动存档”到“主动生成”的转变。二者之间的关系可理解成“存续”与“活化”的关系，数字化保证了文化与知识得以延续，数智化赋予了其进行再生产、再利用以及再创新的可能性。正因为如此，未来设计创新的方向不应仅仅停留在单纯的数据积累层面，而应该推动数智化转型，让数据从“静态的材料”转变为“动态的智能”，促使设计朝着智能共创与价值创造的更高层次发展，这种转型不只是技术演进带来的结果，更是社会文化发展以及产业升级所呈现出的必然趋势。

表3-1　数字化与数智化的对比

维度	数字化（digitization）	数智化（digital intelligence transformation）
核心内涵	将现实世界的信息转化为数字符号，强调忠实还原与存储	在数字化基础上，融合人工智能、大数据等技术，实现数据的智能分析、预测与创造
主要目标	信息的记录、传输与再现	数据的价值转化、智能生成与智慧决策
技术特征	编码、采集、建模、存储	机器学习、深度学习、自然语言处理、生成模型
处理方式	静态存档，数据被动呈现	动态分析，数据主动生成与优化
设计价值	提供设计素材与基础资料，强调“复制”	实现智能创意与趋势预测，强调“创造”
优势表现	高保真、可存储、可传播	智能化、创造性、个性化、预测性
应用场景	档案数字化、博物馆展示、三维扫描保存	智能设计、虚拟试穿、趋势预测、文化再造
人机关系	人为主导，机器为工具	人机协同，AI作为共创主体
发展阶段	信息化的基础阶段	智能化与智慧化的高级阶段
局限性	数据孤岛，缺乏深度理解	存在算法偏见、伦理与文化风险

3.1.2 数字化与数智化迭代的过程与面临的问题

从数字化迈向数智化是一个技术路径不断迭代逐步向前推进的过程：

• 首先是“数字采集与存储”阶段，此阶段最关键的是借助扫描、编码以及建模等技术，把现实世界中的对象转变为数字符号，像三维扫描、高清摄影、矢量建模等都是有代表性的技术；

• 接着是“数字管理与呈现”阶段，借助数据库系统、可视化工具以及网络平台，实现对数字资源的管理、检索以及展示，该阶段在博物馆数字化、档案管理以及教育展示等方面有着广泛应用；

• 随后进入“智能分析与推演”阶段，人工智能算法开始介入，使得数字资源拥有模式识别、趋势预测以及自动生成的能力，在这个阶段，民族服饰创新领域可运用机器学习算法对大量服饰纹样开展聚类分析，发现不同民族之间的视觉关联；

• 再之后是“智能创造与协同”阶段，也就是数智化的高级形态，AI可生成新的设计方案，还可以与人类设计师进行实时互动，共同完成创意任务，形成“人机共创”的新形式。

这一迭代路径呈现了“数据→信息→知识→智慧”的螺旋式上升进程，数字化阶段停留在“数据与信息”层面，它可解答“是什么”的问题，数智化阶段则步入“知识与智慧”层面，它可回答“为什么”以及“还可以做什么”的问题。在民族服饰领域，数字化阶段时服饰的纹样被采集并存储为图像数据，研究者可清楚地看到某一图案的形态，而在数智化阶段，AI可依靠剖析成千上万的图案，归纳出其中的几何规律与文化符号，甚至在此基础上生成全新的视觉语言。这种从“被动存储”到“主动创造”的转变，是人工智能赋予数智化的独特意义，也为民族服饰创新提供了基础模型。

然而在从数字化向数智化演进的进程里存在着一些不容忽视的挑战：

• 数据标准化问题，数字化阶段的数据来源多种多样，质量也是高低不一，缺少统一的采集规范以及分类标准，这对数智化的效果有着直接的影响；

• 文化语境问题，当AI对民族符号进行生成的时候，有可能出现文化意义的错位或者过度简化的情况，致使传统内涵丧失；

• 伦理与主权问题，数智化过程中涉及知识产权、文化主权以及算法偏见等风险，怎样保证AI生成的设计既符合法律法规，又能尊重文化多样性，这是未来必须解决的关键课题；

• 数智化的实现还需要在技术创新与文化守护之间维持动态平衡，当前在这方面的研究较为薄弱。

从数字化发展至数智化，这是一条从信息存储迈向智能创造的路径，数字化给设计奠定了数据基础，数智化在人工智能作用下赋予数据活力，使其能主动产生新价值，在这个过程中，设计学得到了更强的工具支持的同时，还面临着方法论的深层变革。未来的创新设计应在“数字化—智能化—智慧化”链条上持续推进，借助人工智能强大的计算与生成能力，坚守文化价值与人文精神。只有这样，数智化才能切实成为推动设计创新与社会进步的关键力量。

3.1.3 从数字化到数智化——人工智能驱动创新设计的新范式

从“以信息为中心”的数字化迈向“以智能为核心”的数智化，这样的转变不仅仅是技术层面的更新换代，更是社会认知方式、文化表达路径以及设计方法论等的深层变革。在文化创意产业以及设计学领域，人工智能技术的迅速发展对人类的设计范式和创新逻辑产生了深刻影响。

在人工智能的推动下，创新设计的路径主要体现在以下几个方面。

• 数据驱动的设计生成路径：AI借助对大规模数据的学习，可在风格迁移、形态生成以及功能优化等层面提供全新的可能性，例如利用GANs技术生成不同风格的服饰纹样，或者借助进化算法优化产品的结构性能，这不仅提升了设计的效率，还拓展了设计的可能性范围。

• 智能交互的设计体验路径：借助自然语言处理、情感计算以及虚拟现实技术，AI可与设计师或用户展开更为自然的交互，让设计过程变得更加开放且有动态性，用户可凭借语音或手势与AI进行对话，即时生成个性化的产品设计。

• 跨界融合的设计创新路径：AI可突破学科与行业之间的界限，把艺术、科技、文化以及商业有机融合在一起，产出跨界的创新成果。在文旅产业里，AI驱动的民族服饰虚拟展示不只是文化遗产的保护方式，还是新型消费场景的核心内容。

• 价值导向的设计伦理路径：当人工智能深度参与设计时，怎样保证文化尊重、知识产权保护以及伦理责任，成为无法回避的关键问题，设计师与AI的协作不只是技术问题，也是价值问题。

从数字化迈向数智化的转变，是人工智能技术不断发展以及人类设计认知持续进化这两方面因素共同作用的结果。数字化给数据的保存和再现搭建了基础，数智化则是在这个基础之上，赋予数据智能及创造力，推动设计方法产生更为深入的革新。人工智能在这个过程里，不再只是一个单纯的工具，而是变成了设计创新的共创主体，促使设计学科朝着更为开放、多元且智能的未来发展。未来的设计创新会构建在“人机共生”的根基之上，形成一个以数据作为材料、以智能作为引擎、以文化作为核心的创新体系，这不仅对提升设计产业的竞争力有益处，还为全球文化多样性以及人类社会的可持续发展带来新的可能性。

3.2 构建内蒙古民族服饰设计创新体系

3.2.1 “人工智能+文化驱动”的数智化民族服饰创新路径研究

面对民族服饰保护难、传承难与创新难的现实困境，以人工智能为核心的数智化方法成为突破困境、重塑价值的新途径。人工智能不仅是一种技术工具，更是一种文化驱动的创新力量，它将通过“数字化—智能化”的路径为民族服饰开辟新的发展空间。

人工智能与文化的融合逻辑

人工智能和文化二者之间的关系并非简单的“技术—内容”依附关系，而是呈现出一种双向建构的互动进程。文化可以给人工智能提供语义深度以及价值导向，人工智能则会赋予文化全新的生产方式、传播形式以及创造能力。就民族服饰这类对符号、工艺以及语境高度依赖的文化内容来讲，人工智能可借助多模态技术达成对图像、文本、声音甚至工艺过程的全景捕捉与再现，把原本不容易完整保存的文化形态转变为结构化、可训练的语料资源。从这个意义来说，人工智能并非文化的外部技术，而是文化在新时代实现再生与再创造的中介。

随着我们从“数字化”迈向“智能化”阶段，人工智能对文化的赋能效用越发明显，数字化主要希望能够实现信息的存续以及还原，智能化则侧重于信息的活化与衍生。以内蒙古民族服饰为例，其符号、纹样、工艺倘若仅仅停留在数字化扫描并存档的层面，那么这些仍只是“静态的材料”。然而一旦进入人工智能的智能化阶段，它们便能借助风格迁移、扩散模型生成、语义重组等手段实现“动态的智能”，在留存文化基因的同时实现多样化创新与应用。这种由人工智能推动的“文化再生产”逻辑形成了“人工智能+文化驱动”的核心要义，民族服饰借助人工智能获得创新性发展。

“数字化—智能化”解决内蒙古民族服饰的保护、传承与创新的困境

民族服饰面临的保护难、传承难以及创新难这几个问题，并非彼此孤立，而是相互紧密关联，构成了文化生态系统的困境，仅仅依靠传统的档案整理方式或者静态展览手段，很难形成有长效性的机制。人工智能所推动的“数字化—智能化”发展路径，恰恰可提供系统性的解决方案。在保护层面，数字化是核心的起始点，借助高精度3D扫描、超高清摄影、多光谱影像以及结构化数据库的建设工作，完成对内蒙古民族服饰的数字建模以及元数据标注，使得纹样、材质、工艺过程不再仅仅依赖物理载体，而是可以永久保存。当然数字化不能仅仅停留在保护阶段，还需要借助智能化实现动态守护，除了构建数据库与语料库之外，人工智能凭借图像识别与深度学习技术，对于损坏的服饰文物可进行虚拟修复、工艺还原以及设计补全，甚至凭借生成模型模拟不同历史时期的服饰演变过程，建立起一种“可生长的数字档案”。这既解决了实物保护方面的局限性，又让民族服饰进入一种可交互、可再生的保护状态。

在传承方面，智能化带来的交互性以及可视化优势极为关键。以往传统的传承依靠师徒关系以及口耳相授，存在着较大的人力约束以及地域限制，而借助人工智能构建的数智化平台，可达成虚拟导师、沉浸式体验以及智能化教学，借助扩散模型生成的虚拟服饰样式，可被嵌入增强现实（AR）或虚拟现实（VR）环境里，使得年轻人在沉浸式体验中掌握服饰工艺，以此增加新一代人对传统工艺的认知。人工智能可依据学习者的水平推送定制化教学方案，做到因材施教。这种智能化传承方式突破了时间与空间的限制，把民族服饰的知识链条延伸至数字社会的各个角落。

在创新方面，人工智能的生成能力与跨界能力十分关键。民族服饰创新并非只是图案改良或者色彩叠加，而是要在维持文化符号完整性的基础上实现现代语境的重新创造。借助人工智能的生成模型，可把传统蒙古袍的纹样和现代时尚的廓形相结合，形成既保留民族特色又契合现代审美的设计方案。人工智能还可以实现跨文化的风格迁移，比如把蒙古族刺绣和国际流行元素相融合，创造出有国际传播力的设计语言。这种以“数字化—智能化”为路径的创新机制，既满足了传统文化在现代社会的再生需求，又为民族服饰开辟了全球化传播的新空间。

3.2.2 人工智能驱动民族服饰创新的局限性与技术解决路径

通用大模型的局限与民族服饰的生成结果准确性难题

在当前人工智能技术不断快速发展的背景下，通用大模型已然成为自然语言处理、图像生成以及多模态智能领域的核心推动力量，像ChatGPT、Midjourney、可灵、即梦等一系列有代表性的平台，充分展示了人工智能在文本生成、图像合成、语义理解以及多模态交互等方面的巨大潜力。在人工智能驱动设计的实际应用中，Midjourney、可灵、即梦等通用大模型确实呈现出了强大的生成能力，生成的图片效果十分逼真，且效率也比较高。然而当这些通用大模型被运用到文化遗产、民族服饰、非物质文化遗产等极为小众且语义颇为复杂的领域时，它们的局限性便开始显现出来。针对内蒙古民族服饰这样的特殊对象，通用大模型所生成的结果大多会出现数据不准确、文化符号缺失以及样式误读等情况，存在因为资料明显不足而致使模型有所欠缺，导致生成结果不准确的情况。其根本原因在于训练数据的数据量较小，造成了结构性缺失以及语义偏差。

通用大模型的局限性最先在数据来源的泛化以及缺乏针对性方面体现出来。大模型的训练大多依靠超大规模的开放数据集，这些数据包含了全球范围内的图像、文本和语音等多模态信息，但这种广泛的覆盖并不能在所有领域都保证数据的均衡与精确，对于民族服饰这个特殊领域来说，数据自身就有稀缺性和复杂性，其服饰样式会因地域、部族、季节、功能而有所不同，涉及图案、材质、色彩、结构、佩饰等多维度的文化符号，而这些内容在通用大模型的训练数据里几乎不存在，或者仅仅以极少的片段化形式出现，致使模型难以精准理解或再现其文化内涵。大模型公司难以获取这类民族题材的大量数据，训练结果必然会缺乏语义深度与文化准确性，常见的情况是生成的服饰存在款式不准确，款式似是而非，工艺简化甚至出现文化误读。例如，我们在多个平台测试生成蒙古袍，其结构被误生成汉服式样或者西南地区民族服饰，传统图案被随意拼贴而不是蒙古族纹样，这是样式款式失真。这种“文化偏差”不仅造成了生成结果的不准确，还很有可能在对外传播中引发误解，削弱了民族服饰的文化权威性。从学术研究与实践路径的双重维度来讲，怎样突破通用大模型的局限，怎样借助多模态人工智能技术选择合适的平台与方法，构建一个可真正契合民族服饰文化语境的创新体系，成为需要探讨的关键课题。

通用大模型并非无所不能，还体现在符号语义层面欠缺深度理解。内蒙古民族服饰蕴含着深厚的文化密码，像镶边纹样能体现部族身份，腰带样式可暗示社会阶层，色彩选择与季节祭祀联系紧密，这些符号不是单纯的视觉元素，而是语义与文化叙事的综合呈现，然而大模型在处理这些元素时，大多仅停留在“视觉相似性”层面，难以准确理解其背后的象征意义。例如，生成蒙古族新娘服饰时，通用大模型可能随意搭配红色长裙与银质头饰，却忽视了蒙古族婚服中不同部落间颜色与图案的差异；表现牧民日常服饰时，模型可能把节庆礼服和劳动服饰混在一起，缺少对语境的把握。这种语义缺失反映出通用大模型在小众文化语料不足情况下的适应性缺陷。

通用大模型的迭代更新一般会首先契合全球通用场景的需求，而非针对小众文化保护的需要，这样一来，即便平台持续升级，非遗类数据依旧未能得到充分的补充。Midjourney、可灵、即梦等大模型在时尚、建筑、科幻、商业插画等领域的生成效果颇为出色，然而在民族服饰领域却存在较大的空白区域。与之相比，Stable Diffusion同样是通用扩散模型，但其开源特点以及可定制化的训练机制，为民族服饰专属模型的构建提供了更为灵活的途径。在Stable Diffusion框架下引入特定的“内蒙古民族服饰数据集”后，研究者可构建LoRA、DreamBooth等子模型，实现对蒙古族特定服饰样式的高保真再现，这种定制化优势是其他通用平台所难以企及的。

通用大模型虽然可以当作工具来使用，然而却很难有效地承担起民族服饰的生成以及创新任务。大模型需要依靠可靠的民族服饰数据库以及本土化语料进行训练，才可以保证其生成的结果具有准确性以及文化价值。民族服饰的数智化发展，不能仅仅依赖通用大模型，而是要构建专门面向非遗的小众数据集以及多模态模型，这样才契合民族服饰人工智能驱动创新的路径，这也是人工智能驱动民族文化发展的基本逻辑。

多模态人工智能平台与扩散模型技术路径的选择

在人工智能技术领域，究竟怎样去挑选契合民族服饰的生成与分析模型，这是关乎成败的关键因素。多模态技术的优势是，可把图像、文本、音频、视频以及工艺过程归入同一个框架来开展训练与生成，达成更高的语义一致性以及生成精度。举例来说，把蒙古族传统服饰的历史文献、口述档案、实物扫描以及动态工艺视频一同输入，人工智能可更全面地捕捉民族服饰的文化语境。在平台对比方面，Midjourney、可灵以及即梦倾向于视觉生成，注重审美效果，但缺少文化深度及数据准确性；而基于Stable Diffusion的扩散模型，有着更强的开放性以及可训练性，扩散模型允许在开源框架下针对特定数据集进行本地化微调，使得生成结果更契合内蒙古民族服饰的特定语境。借助构建民族服饰的专属数据库，在Stable Diffusion框架上开展二次训练，可以得到既符合文化逻辑又有创新潜力的生成结果，这种模式相较于封闭的通用平台，更适宜非遗的长久发展。

通用大模型在民族服饰数据准确性方面存在局限，其解决方案要基于“文化驱动的数智化路径”，要创建内蒙古民族服饰的专属数据湖，它不只是简单的存储地方，还是多模态语料的聚合系统，能汇聚图像、视频、文本、口述资料、工艺档案等多种来源的数据，通过历史文献、博物馆藏品、民间手工艺人经验进行数字化采集和结构化处理，能慢慢弥补通用大模型在语料方面的不足。要搭建民族服饰的知识图谱，把服饰的形态特征、功能分类、文化语义、工艺流程用语义网络呈现出来，让人工智能在语义推理方面实现深入理解，可借助多模态融合技术重建民族服饰的动态情境，比如采集牧民在节庆、婚礼、劳动时的服饰动态视频，与语音讲述、文字说明结合起来，形成多维度训练数据，使模型不仅能重现服饰样子，还可以明白其使用场景和文化价值。

在平台以及技术路径的选择方面，需要展开多维对比。Midjourney有艺术化表达以及快速成形的优势，然而其有不可控性以及训练数据缺失的状况，致使它难以胜任民族服饰的精确再现工作；可灵与即梦在中文语境下有着较好的适配性，不过其偏商业化的模型构建思路，决定了其对非遗类数据的覆盖不够；Stable Diffusion依靠其开源生态与可再训练机制，成为民族服饰创新的更佳选择。在Stable Diffusion的基础上训练专属子模型，可达成“通用+定制”的双轨并进模式，既维持了扩散模型在细节生成方面的强大表现力，又弥补了通用模型在民族文化方面的不足。这种模式不仅适用于内蒙古民族服饰，还为其他少数民族服饰的数智化保护与创新提供了可复制的方案。

未来的发展方向应是打造一个围绕“人工智能+文化驱动”的数智化创新体系，该体系需融合数字化采集、智能化生成以及智慧化传播这三个层面：在数字化层面，借助高精度扫描以及数据库建设实现资料保存；在智能化层面，凭借定制化的AI训练实现精确生成与智能交互；在智慧化层面，依靠文化叙事的智能推荐、数字博物馆以及沉浸式体验平台实现民族服饰的动态传承与全球传播。这样的一个体系既可有效化解“保护难、传承难、创新难”的现实难题，还可以推动内蒙古民族服饰在全球文化语境中的再次传播与再次认知，最终形成文化自信与产业创新的双重价值。

Stable Diffusion这类扩散模型有可控性和迭代性的优势，它可生成极为精细的图像，还可借助提示词、局部编辑以及风格控制实现文化语义的精确表达。在民族服饰应用方面，首先要创建多模态民族服饰数据库，依据图像、工艺文本以及口述档案构建知识图谱；接着基于Stable Diffusion框架开展二次训练，让模型可以精准捕捉蒙古袍的廓形、刺绣的纹样以及配色的逻辑；最后在生成过程中引入文化专家的反馈，形成“人机共创”的迭代机制，以此保证创新成果既有文化根基，又能契合当代设计趋势。

通用大模型在内蒙古民族服饰领域存在局限性，其中核心问题是数据不够充足以及语义存在缺失，而解决问题的关键点是在文化驱动下进行数据湖的建设以及知识图谱的构建。在多模态人工智能技术与平台的路径选择方面，Stable Diffusion因其开源以及可定制的特性，提供了最为契合的落地方案。在这样的逻辑框架下，人工智能不再是民族服饰传承的“局外者”，而是变成推动其数智化、创新化发展的内生动力，这是技术路径的选择，也是文化战略的深化，这一路径不仅解决了民族服饰数字化发展缓慢、数据库不足的状况，还为未来的文旅融合、文化传播与产业创新提供了可行的方案。借助扩散模型发展的民族服饰不再是静态的博物馆展品，而是可在数字社会中动态生长、实现跨界传播的文化资源。这种“人工智能+文化驱动”的数智化模式，会为内蒙古民族服饰的保护、传承与创新提供可持续的动力。

综上所述，以人工智能作为核心的“数字化—智能化”路径，不只是技术升级带来的成果，更是文化发展的必然选择。在保护方面，借助数字化以及智能修复实现服饰的动态存续；在传承方面，依靠智能化教学和沉浸式体验突破了传统传承的空间限制；在创新方面，扩散模型的生成能力赋予民族服饰现代审美与跨界价值。通用大模型在非遗领域存在的局限性，也突出了本土化数据建设以及开源扩散模型的意义。Stable Diffusion所代表的扩散模型路径，为民族服饰的数智化发展给出了可控、可迭代且文化准确的解决方案。“人工智能+文化驱动”的融合，既可解决民族服饰保护难、传承难与创新难的问题，还可为构建特色化的内蒙古民族服饰设计创新体系提供坚实的理论支持与技术根基。

从表3-2中可清晰看出，Midjourney、可灵、即梦这几个人工智能平台在概念展示、文化叙事以及文旅推广方面的表现更为适宜，然而在精准还原内蒙古民族服饰的工艺以及符号细节方面存在一定困难，Stable Diffusion凭借其开源且可进行训练的优势，成为当下解决民族服饰数据库存在不足以及生成不够准确等问题的最佳平台选择。要是将多模态AI技术与专门构建的内蒙古民族服饰数据库相结合，Stable Diffusion可逐步实现从数字化到智能化再到数智化创新这样的发展路径。

表3-2 人工智能平台对比

平台	技术核心	数据来源与覆盖	优势	局限	适配度（内蒙古民族服饰）
Midjourney	基于扩散模型（Diffusion）与专有数据训练，偏重图像生成	商业闭源数据集，涵盖大量艺术、时尚、插画数据	画面艺术感强，风格统一性好；用户社区活跃，适合创意设计	数据训练集中于欧美艺术风格，对少数民族服饰表现力不足；无法直接定制数据；容易产生“文化偏差”	★★（中等，适合概念可视化，但真实性不足）

续表

平台	技术核心	数据来源与覆盖	优势	局限	适配度（内蒙古民族服饰）
可灵	国内平台，融合图像生成、视频生成与大模型对话	主要依托中文互联网公开数据，局部包含少量非遗类素材	对中文语义理解较好；可生成与民族文化相关的场景；符合国内政策与生态	有关非遗、民族服饰的数据不足；容易生成符号化、概念化的民族元素，而非真实服饰细节	★★☆（稍好，适合文化叙事与推广，但难以精准还原）
即梦	强调文生图、多模态AI交互	使用较多通用大模型数据，部分涉及文化艺术类素材	易用性较强，支持跨模态；生成效率快，适合文旅体验类场景	数据集缺乏少数民族服饰；容易“混搭”文化元素，出现不符合历史真实的设计	★★（中等，适合文旅融合展示，但专业性不足）
Stable Diffusion	潜在扩散模型（latent diffusion models，LDM）	可开放接入+本地化训练（可自建内蒙古民族服饰数据库）	可完全定制化训练，支持私有数据微调；多模态扩展能力强（文生图、图生图、ControlNet等），可实现服饰纹样、工艺细节的真实还原	需要较高算力与专业团队；训练成本较高；数据采集与清洗是前提条件	★★★★☆（最佳选择，适合科研与产业结合，能够逐步解决保护难、传承难、创新难问题）

3.2.3 Stable Diffusion扩散模型的优势及其在内蒙古民族服饰数智化中的应用价值

在人工智能推动文化遗产走向数字化的大背景下，扩散模型（Diffusion Models）已然成为近些年来生成式人工智能领域里一个关键的突破方向，跟传统的GANs相比较，扩散模型在训练的机制、生成的质量以及可控性等诸多方面都呈现出一定的优势。作为众多有代表性的开源框架中的一个，Stable Diffusion凭借其特有的高度可定制化特性、可控性以及迭代性，在民族服饰数智化的研究工作里，在内蒙古民族服饰的保护、传承以及创新等方面，彰显出独特的应用价值以及战略意义。

扩散模型的核心机制与可控性逻辑

扩散模型的基本原理在于借助一个循序渐进的“加噪—去噪”流程来学习数据的分布情况。在训练阶段中，模型会对原始图像逐步地添加噪声，一直到其完全变成高斯噪声，接着再借助逆向的过程去学习怎样逐步地恢复图像，模型获取到了从随机噪声里“生成”符合数据分布的图像的能力。这样的一种机制赋予了扩散模型以下两个核心特征。

• 高度可控性：生成过程是逐步逆向推理的，研究者可在不同阶段施加约束，比如借助ControlNet等方法，可把轮廓线稿、参考照片、纹样草图等当作控制条件，让生成的图像契合特定的文化逻辑与视觉规范，这对于内蒙古民族服饰这种高度依赖符号化细节的文化对象而言，有着不可替代的价值。

• 可迭代性：扩散模型允许在已有生成结果的基础上进行再次迭代优化（如inpainting/outpainting），通过不断修正与微调，逐步趋近理想状态，这种能力契合民族服饰“数字化—数智化”的发展逻辑，服饰设计的创新往往需要在传统样式基础上不断演变，而扩散模型天然支持这种“递进性迭代”。

Stable Diffusion的独特优势

Stable Diffusion在扩散模型家族里呈现出开源以及灵活性的特性，这为其在民族服饰研究和应用方面提供了更多的可能性，开源且有可训练性，支持定制化数据集。和Midjourney、可灵、即梦等闭源平台不一样，Stable Diffusion可引入本地化的内蒙古民族服饰数据库来进行微调。这就意味着可借助采集蒙古族袍服、腰带、头饰、靴子等不同部位的高清数据，训练专门的模型，让其拥有对民族服饰工艺细节的精准理解。这种依靠数据驱动的可训练性为非遗服饰的“保护难”问题提供了技术途径：凭借“数字存档—模型训练—智能生成”构建一套可再生、可传递的数智化系统。

可控性机制服务于文化逻辑。在民族服饰设计当中，服饰的色彩、图案与结构不只是装饰元素，更是承载族群记忆与身份认同的文化符号。比如内蒙古民族服饰中常见的几何纹样、动物纹饰都有象征意义，Stable Diffusion的可控生成机制允许研究者在生成的时候锁定文化符号，防止出现误读与误用。依靠ControlNet、LoRA等扩展模块，可以达成“在文化框架内的创新”，而不是文化扭曲，迭代优化支持创新路径，民族服饰的创新一般需要在保留传统的基础上进行现代化转译，Stable Diffusion提供的迭代能力，可让研究者先生成传统服饰的数字化还原，再在此基础上逐步尝试色彩、材质、廓形的创新组合。这种“从传统到创新”的路径，与服饰产业化、文旅化发展高度契合。也就是说，Stable Diffusion的迭代性让民族服饰既能获得精准保护，又能实现柔性创新。

Stable Diffusion解决民族服饰“保护难、传承难、创新难”的路径

沿着数字化到数智化的进程脉络，Stable Diffusion的可控性以及迭代性给出了实际可行的解决方案：在保护难方面，借助高质量图像采集以及数据库构建，将民族服饰的纹样、结构以及材质数字化存档，凭借Stable Diffusion的可控性，达成服饰在数字环境里的精确复原，防止因实物损坏、传承中断导致的文化丢失；在传承难上，依靠扩散模型的可控生成体制，可把传统服饰元素跟现代媒介相融合，像虚拟展示、数字博物馆、互动平台等，让年轻群体更易于理解和接纳，凭借迭代生成，可提供多样的服饰样式以及故事化场景，提升文化传播的生动程度与可持续性；在创新难上，Stable Diffusion有在传统元素基础上进行创新性组合的能力，比如在维持蒙古族传统纹样逻辑的情形下，探寻时尚化剪裁以及新材料运用。这种“在框架内创新”的生成模式避免了对文化真实性的破坏，又为产业化、国际化发展创造了新的机会。

Stable Diffusion在多模态AI框架中的优势

相较于Midjourney、可灵、即梦等平台，Stable Diffusion的最大优势体现在开放性以及自我迭代能力方面。Midjourney侧重于艺术感，然而在真实文化的可控生成上有所欠缺；可灵和即梦侧重于场景应用，不过在服饰工艺层面难以进行深入探索；Stable Diffusion借助多模态扩展，为从数字化迈向数智化的进程提供了一套完整的工具链，且平台构建相对简便，普通企业可搭建属于自己的基于Stable Diffusion的智能服务中心。

Stable Diffusion在内蒙古民族服饰应用中构建如下路径。

- 数字化阶段：采集→数据清洗→数据集构建→模型训练。
- 智能化阶段：文生图还原传统服饰→图生图优化→ControlNet保持文化逻辑。
- 数智化阶段：结合文旅、时尚、教育场景，进行跨模态传播与产业创新。

Stable Diffusion等扩散模型凭借其可控性与迭代性的优势，不仅可以精准复现民族服饰的文化符号，还可以在传承框架内达成柔性创新，

对于内蒙古民族服饰来说，这一特性有以下意义：它可借助定制化训练，解决大模型中少数民族数据不足的问题；它可凭借可控生成，防止文化误读，从而保证传承的真实性与学术性；它可依靠迭代创新，突破传统服饰产业化、国际化发展的瓶颈，切实实现“保护—传承—创新”的动态循环。Stable Diffusion不仅解决了民族服饰数智化困境的技术选择，还推动了人工智能与文化驱动深度融合的战略支点，它代表了一条能让非遗在数字时代重获新生的可持续道路，也为未来“数字化—数智化—智慧化”框架下的文化创新提供了方法论方面的指引。

3.2.4 Stable Diffusion在小体量数据下的技术优势与非遗服饰数智化体系构建

3.2.4.1 小体量数据场景的技术挑战

在借助人工智能开展的数字化研究工作中，大规模数据一般是深度学习模型的一项基本要求，然而内蒙古民族服饰所处的是小体量数据范畴，有这样一些特性：数据存在稀缺状况，部分服饰由于年代已经较为久远，制作工艺又颇为复杂，仅留存有少量的实物以及图片；数据分布呈现出不均衡的态势，不同旗县、部落的服饰样式存在较大差异，每一类样本的数量却比较少；数据有较强的多模态特征，覆盖了图像（如纹样、结构）、文本（如工艺描述）、视频（如穿着场景）等多种模态，这些特征使得传统的GANs、CNN等生成模型在小数据场景里难以实现有效的学习，容易出现过拟合或者模式崩溃的情况。

3.2.4.2 Stable Diffusion对小体量数据的适配优势

预训练模型与迁移学习机制

Stable Diffusion本身是基于大规模跨模态预训练的，比如LAION-5B数据集，其底层已然拥有对自然图像的丰富表征能力，不过在小体量数据方面，预训练模型与迁移学习机制同样有着较大优势。在小数据场景中，可以借助以下方式来提升表现：LoRA微调，只需要少量内蒙古民族服饰样本，大概几百张就能把预训练模型迁移到服饰生成任务上，避免了从零开始训练；DreamBooth技术，依靠规模极小的样本，5 ~ 20张即可实现对特定服饰类别的“专属学习”，保证少数民族服饰的独特符号得以还原。这种小样本迁移的模式可有效降低数据需求量，适应民族服饰数据稀缺的实际情况。

可控生成增强数据扩展能力

小体量数据存在的又一个瓶颈是样本多样性不够。Stable Diffusion所提供的条件可控生成技术（如ControlNet、Textual Inversion等）可在小样本的基础上对数据加以扩展：图生图也是在已有的服饰图像上开展样式迭代，生成有着不同配色、材质以及背景的扩展样本；线稿或者结构控制是依靠采集少量实物服饰的轮廓线稿，再将其生成为有多样风格的样式，以此保证服饰结构的一致性；纹样分离与再合成是把纹样当作条件输入，生成不同的服饰组合，扩大训练集的覆盖范围。如此一来可扩充数据规模，并且维持文化逻辑的一致性，防止因随意性创新而造成失真。

迭代优化机制确保数据准确性

在小体量数据的情况下，数据的准确性相较于数量而言更为关键。Stable Diffusion的迭代性可借助多轮优化来保证达到高精度，其中inpainting/outpainting可针对不完整的服饰图像实施修复操作，以保证细节的完整性；在逐轮修正方面，研究者可依据初步生成的结果，结合专家反馈持续进行迭代，逐步校准至符合工艺标准的准确表现；人机协同校准则是利用Stable Diffusion的交互式生成模式，让民族服饰专家可直接参与到调整过程中，保证最终生成的内容符合民族文化内涵。与GANs的一次性输出相比较，这种"人机协同+迭代修正"的机制更符合非遗类文化数据对于高保真的需求。

3.3 内蒙古民族服饰数据库的建立与数字化基础

3.3.1 跨学科视野下内蒙古民族服饰数据库的建立与数字化基础

跨学科研究的必要性

内蒙古民族服饰属于中华民族多元一体格局里的关键部分，它承载着草原文明的生活智慧以及美学传统，可是在当代社会变迁的情形下，传统的文献记载和实物收藏方式没法契合大规模传播、教育普及以及产业转化的要求。而人工智能生成式扩散模型取得的发展，为小体量文化数据的数字化保护和智能化再生产提供了新的可能性。Stable Diffusion作为开源扩散模型，依靠其迁移学习、小样本适配、可控生成以及迭代优化的长处，可弥补传统神经网络处理小体量数据的不足。要让Stable Diffusion在非遗服饰研究中发挥价值，一定要构建一个人文艺术加计算机智能的跨学科研究框架：在人文艺术方面，要对历史文献进行梳理，开展田野调研，进行符号学分析，以保证服饰数据拥有文化语境；在计算机智能方面，要开展数据采集，进行图像标准化，开展模型训练以及搭建平台，保证AI系统具有可扩展性和准确性。创建内蒙古民族服饰数据库和数字化基础架构，是文化遗产保护的必要行动，是推动人工智能与人文学科深度融合的试验场域。

数字化架构的逻辑框架

在技术体系方面，内蒙古民族服饰的数字化以及智能化需要构建在“数据层—模型层—应用层”这样的三层架构之上：数据层的职责是对民族服饰的多模态数据展开采集以及存储工作，所涉及的数据类型包括图像、三维扫描、文字描述以及影像资料等；模型层是基于Stable Diffusion进行小样本微调（如采用LoRA、DreamBooth等方式），建立起针对不同服饰类别（如蒙古袍、头饰、靴饰等）的专属子模型；应用层则是面向不同人群，如学者、设计师、公众以及文旅产业，为他们提供虚拟展示、智能设计以及教育传播等功能。此逻辑框架着重突出数据驱动、模型支撑以及应用导向的闭环体系，保证数字化不只是保存，还可延伸至创新与传播领域。

数据调研与采集：人文艺术与计算机结合

• 人文艺术的调研路径：田野调查主要是凭借走访牧区，去采集口述史，同时记录服饰穿着场景，以此来获取第一手资料；档案文献整理方面，则是收录历代有关蒙古族服饰的图像以及文字资料，形成历史纵向维度的数据；符号学解读是对服饰中的纹样进行分析，像几何纹、植物纹等，还要分析色彩寓意，比如蓝色象征天空，以及材质选择，像皮革、丝绸等，以此保证数字化数据的文化语境。

• 计算机辅助的数据采集：高清图像采集方面，运用高分辨率相机或者扫描仪来采集服饰细节，以保证面料以及纹样可得到精细呈现；三维建模环节，借助3D扫描技术记录服饰结构与空间信息，这些信息可用于虚拟展示以及VR应用；多模态数据整合时，把文本描述和图像进行配对，构建出可用于跨模态训练的语料库。人文与技术相结合，可保证采集到的数据既有文化内涵，又符合AI训练的技术标准。

图片质量与标准化的重要性

在Stable Diffusion的训练进程当中，图片质量对于模型学习效果起着直接的决定作用。内蒙古民族服饰数据库要在多个方面制定相应标准：分辨率方面，最低要达到1024×1024，这样才能保证纹样与针线工艺的细节清晰可见；色彩校准环节，需运用色彩管理工具，让图片色彩尽量接近实物，避免训练时出现偏色情况；背景纯净化方面，借助抠图、去噪等手段，保证服饰主体突出，避免背景对模型学习产生干扰；拍摄角度要有多样性，同一服饰要从正面、背面、侧面等不同角度进行采集，以此提高模型对结构的理解；光照也要保持一致性，对拍摄环境的光照加以控制，避免因光照差异致使材质出现误判。高质量且标准化的图片数据是Stable Diffusion模型在小体量数据状况下依旧保持高保真表现的前提条件。

在Stable Diffusion的训练进程中，其生成效果和训练样本质量紧密相连。高清样本会带来高精度的生成，高清照片可让模型捕捉针脚、纹理等细节，使生成结果更具真实感，模糊样本则会造成模糊迁移，低清晰度样本大多会使模型生成结果缺失细节，出现符号错位；统一风格能提高一致性，训练样本风格一致，像光照、角度统一，有利于模型稳定学习，不仅风格多样，还能提升泛化能力；多角度、多场景样本可使模型适应复杂输入，提高泛化能力。照片质量不光关乎单次生成效果，还决定模型在“保护—传承—创新”三大应用方向上的可靠性，图片质量直接决定模型学习效果。

模型训练样本的选择与构建

民族服饰数据量有限，优先选择代表性强且细节完整的样本作为核心训练数据，像典型的蒙古袍、婚礼头饰、祭祀靴饰等，需结合LoRA与DreamBooth：LoRA适合在已有大模型上快速适配服饰风格，如“各部落服饰LoRA模型”；DreamBooth适合在极少量样本下训练“专属服饰类别”，保证小体量数据环境下的精准还原。当图像样本有限时，多模态数据可提供辅助，如文字描述、历史照片、手绘图稿等能作为补充数据，用于模型跨模态训练，采用逐层扩展策略，先从核心服饰类别如蒙古袍入手，再逐步扩展到饰品、鞋靴、腰带等，实现数据库与模型迭代增长。

3.3.2 民族服饰图像标注技术方案研究

数据标注目标与重要性

内蒙古民族服饰图像标注的主要目的在于为如Stable Diffusion这类扩散模型的训练提供精确的语义数据支持，使文化符号的理解更为细致，同时提升生成质量。传统的图像生成模型大多是在全球通用语料上开展训练的，对于内蒙古民族服饰等非物质文化遗产元素缺乏足够认识，容易出现符号误读或者细节遗漏的情况，像是服饰花纹、银饰细节等就很容易被忽视。经过精细标注，在对模型进行微调的时候可明确指出这些元素，能更好地支持模型有效地学习复杂且多样的民族文化概念。特定文化内容的表达需要依靠标注数据来进行微调。针对服饰图像进行标注可防止生成图像时出现语义混淆，让生成结果在细节以及符号层面更加贴近真实。高质量、准确的标注数据是微调模型获取非物质文化遗产元素的基础，也是数字化保护与传播的关键前提。

图像标注类型

要呈现内蒙古民族服饰的多维度特征，需构建多层次、多类型的标注体系，具体建议分类如下。

- 整体服饰分类，即对整幅服饰图像按服装类型或风格进行分类，像蒙古袍、蒙古裙、坎肩、靴子、头饰等，依据内蒙古博物馆的资料，内蒙古民族服饰主要划分成“袍、坎肩、靴子、头饰及饰袋”等类别。

- 局部部位标注，即针对服饰里的局部元素进行标注，比如头饰、腰带、靴子、饰物等。像内蒙古民族服饰中常见的头冠、刺绣腰带、马刺、香囊等，要在图像里精准标出各自的位置。添加工艺与纹样标签，是对服饰上的工艺细节和纹样加以标注，包含锦缎花边、刺绣纹样、银饰纹样等，蒙古袍的领口、袖口以及下摆大多装饰有锦缎花边，腰带上一般会挂着刀、火包、药盒等饰件。这些传统工艺元素体现了服饰的文化意义，需借助标签来进行表达。

• 语义符号标注，即注明服饰的使用场景或者象征意义，例如节庆、宗教、日常、婚礼等场合。内蒙古民族服饰注重区分性别、年龄、婚否、季节、礼仪与日常等不同用途，可据此增添场景标签，比如节日服饰与日常服饰在颜色以及装饰方面存在的差异，也应在标注中呈现出来。

上述多维度标签共同构成完整的标注体系，既涉及对服饰整体类别的宏观分类，又包含对细节元素、工艺技法的细致描述以及服饰使用语义的注释，能为图像生成模型提供丰富的监督信息。

多模态标注体系

为了更全面地捕捉服饰语义信息，采用多模态标注体系是可行的办法。把图像和文本标签并行处理，构建多层次标签结构，在图像层面进行多维度标注，同时依靠文本对同一服饰图像进行描述性标注，比如生成服饰说明或者关键词列表，形成图文并行的数据对。多层次标注结构可从粗到细分级，最高层标注民族及服饰类型，下层标注部件名称、材料和纹样属性，再下层标注细节语义。其结果可以关联到知识图谱或本体，把每个标签对应到民族服饰知识库中的概念节点上。研究显示，多模态知识图谱的嵌入能将图像与文本信息融合在统一向量空间内，保留结构信息并利用非结构化数据，提升下游任务表现，将服饰图像标注与其文本描述借助知识图谱关联，能构建服饰元素的语义网络，支持更智能的检索和生成。举例来说，把“宝勒格衫”这一概念节点与相关图像和描述关联起来，在模型训练或生成时就能精准地激活该文化概念。

标注流程与工具选型

民族服饰图像标注流程覆盖数据收集、预处理、标注实施、质量审核以及数据导出等步骤，工具选择需综合考量功能需求与项目规模。

• Labelme是开源轻量化工具，能支持矩形、折线、多边形等多种标注类型，还可添加自定义属性，适用于衣袍花纹、饰品轮廓等服饰细节的多种形状标注，不过它缺乏团队协作与自动化功能，适合小规模标注或专家逐个图像标注。

• CVAT是Web端强大的标注平台，支持矩形、多边形、骨架点、跟踪等多种标注模式，支持多用户协作、任务分配以及审核流程，可集成深度学习模型实现半自动标注，对于规模较大的服饰数据集以及需要严格质量管控的项目，CVAT是优选工具，只是其部署资源要求较高。

• Tagtog原为文本标注平台，也支持为图像分配整体标签，也就是将图像视作文档进行标注。在Tagtog中，可利用“文档标签”功能为整张服饰图像指定类别或属性，此功能适合快速添加服饰类别或场景标注，却无法进行细粒度的边界框或多边形标注。

对于内蒙古民族服饰标注项目，可考虑采用Labelme或者CVAT来开展主体标注工作。如果团队人数不多且标注量较小，那么使用Labelme可较为灵活地标注服饰细节；如果是大规模协同项目，那就应当选用CVAT以提升效率并保证一致性，还可借助Tagtog等平台来管理文字描述或者整体标签。标注结束之后，需要进行交叉审核，以此保证标签准确无误且保持一致。最后把标注数据导出为统一格式，以便后续使用。

数据标准化

为保证标注数据质量和可复用性，需建立严格的标准化规范。

• 文件命名与组织：统一图像命名规则，可在文件名中嵌入关键信息（如部落、服饰类型、序号），便于检索管理。标注文件与图像一一对应，保持编号连续。无目标图像也应生成对应的空标注文件，以免索引中断。

• 标注格式：统一采用一种标准格式（如YOLO、VOC或COCO），根据任务需求选取最合适的方案。如使用YOLO格式，则对每个目标使用最小外接矩形，并记录类别和坐标。统一格式便于后续自动化处理和迁移。

• 分辨率与尺寸：保证所有图像分辨率一致，便于模型输入。可以预先将图像调整到固定尺寸，减少训练时的预处理复杂度。

• 标签规范与一致性：对同一类别对象必须使用完全相同的标签名称，避免出现“帽子1/帽子2”等不一致的命名。例如，对“头饰”“腰带”等不同图像都使用相同的标签名，以确保语义统一。在标注过程中需要遵循详细规则，尽量标注物体的完整可见部分，遇到遮挡时可根据露出比例决定是否标注。

• 质量控制：建立评审机制，对标注结果进行抽查和修改，确保多次标注的一致性。利用制图精度要求和共同标准对标注进行检查，如最小边界框原则、部件边界闭合等。

通过上述规范，构建一致、结构化的标注数据体系，便于后续的数据集管理和模型训练。

3.3.3 面向LoRA训练的数据结构

为了给少样本高质量的LoRA微调提供支持，需要把标注数据整理成图像—文本对，让每一幅服饰图像和对应的文字提示（Prompt）或者标签建立映射关系。一种常见的做法是生成{image，caption}数据对，也就是为每张图片撰写描述其服饰特点的文本。比如，可以借助自动标签工具（如BLIP、LLAVA）生成自然语言描述，或者使用深度学习标注器（如WD1.4、DeepBooru）生成关键词列表。SeaArt指南里提到，不同工具的输出格式有所不同：WD1.4/DeepBooru输出关键词，BLIP/LLAVA输出自然语言描述。在实际运用中，可以把这些标签或描述组合成训练Prompt，如“蒙古族女性，身着蓝色蒙古袍，佩戴银饰花冠”，然后和对应图像一同输入微调流程。

LoRA训练常借助“触发词”激活所需概念，这些词不直接写入图像标注，而是在Prompt中引入，这意味着可为目标服饰定义专属触发词，将其融入Prompt，把服饰的恒定特征（如花纹）留给LoRA自身学习，最后将数据导出为模型可读格式（如CSV/JSON列表），其中含有图像路径和对应的Prompt，供训练脚本读取。SeaArt指南指出，20 ~ 40张高质量同类别图像一般足以进行LoRA微调，组织数据时应注重质量与多样性，而非数量。

系统化的图像标注是进行非遗服饰数字化传承时不可或缺的基础部分，借助精准标注内蒙古民族服饰图像的类别、部件、纹样以及语义属性，可为基于Stable Diffusion的生成模型提供充足的监督信息，生成高保真的文化图像。我国近期颁布的行业标准《非物质文化遗产数字化保护　数字资源采集和著录》（WH/T 99）着重指出统一规范数据采集和编录的必要性，体现出数据管理对于非遗保护的意义。未来各类民族文化生成平台的训练与应用，都需要依靠这类标注数据，精心设计的标注方案不仅提升了模型训练效果，还为内蒙古民族服饰的数字化保护与传播打造了坚实的数据基础。

3.4 内蒙古民族服饰的模型训练与平台搭建

内蒙古民族服饰的模型训练与平台搭建的必要性

在人工智能推动文化创新的大背景下，非物质文化遗产的数字化保护以及智能化传播已然成为学界和产业界共同关注的要点，内蒙古民族服饰身为中国北疆文化的关键组成部分，承载着民族记忆、文化符号以及生活智慧，而且还是多民族文化交融、历史传承以及社会变迁的物质呈现。然而随着全球化与现代化进程的持续加快，内蒙古民族服饰的传统制作技艺和审美体系正遭遇“保护险阻、传承险阻、创新险阻”这三重困境，怎样借助人工智能与扩散模型等新兴技术手段，构建契合民族文化特性的智能化平台，形成“数据—模型—应用”的闭环循环体系，是推动其可持续发展的关键问题。

面向非遗民族服饰的数智化体系构建

数据库以及模型训练完成之后，要搭建一个智能平台，以此提供面向公众以及学界的应用服务。把上述技术优势相结合，Stable Diffusion可变成内蒙古非遗民族服饰数智化体系的核心技术引擎。在总体技术框架方面，内蒙古民族服饰的数智化平台应当构建“数据采集—模型训练—平台搭建—应用服务”这样一种递进式逻辑，形成从底层数据到上层应用的系统化闭环。

具体架构设计如下。

- 数据层：小体量数据的高质量采集与扩展。建立多模态数据库，包括图像（高清服饰照片）、三维扫描（结构）、文本描述（历史与工艺）、视频（表演与生活场景）等。采用Stable Diffusion的图生图/可控生成机制，将小样本扩展为大规模数据集，为后续模型训练提供支撑。
- 模型层：小样本驱动的专属模型训练。基于Stable Diffusion的LoRA/DreamBooth微调，训练“蒙古袍服模型”“头饰模型”“靴饰模型”等专属子模型。结合ControlNet保证结构与符号的一致性，避免模型将民族符号错误泛化。
- 应用层：数智化服务与产业转化。

• 虚拟展示：在数字博物馆、元宇宙展厅中，实现高度还原的虚拟服饰展示。

• 智能设计：为服饰设计师提供基于传统元素的智能化设计草图，支持产业创新。

• 文旅融合：在文旅IP打造中，通过Stable Diffusion生成高精度服饰形象，打造数字化传播内容。

• 教育传承：在课堂、研学中提供交互式生成体验，提升年轻群体对民族服饰的认知与兴趣。

在小体量数据场景下，Stable Diffusion的主要优势如下。

• 迁移学习降低数据需求→解决非遗服饰数据稀缺问题。

• 可控生成扩展样本空间→解决数据分布不均问题。

• 迭代优化确保准确性→解决文化细节的高保真问题。

Stable Diffusion可在数据采集、训练以及准确性这三个维度上对小数据环境下的民族服饰数字化进行优化，同时还可为内蒙古非遗服饰数智化体系打造完整的技术闭环，覆盖数据层（采集与扩展）、模型层（微调与专属训练）、应用层（包含传承、文旅、设计以及教育）。它既是小体量数据环境下的“放大器”，也是数智化体系里的“桥梁”。

Stable Diffusion的核心功能涉及多个方面：智能设计功能可为服饰设计师提供依据传统纹样所绘制的设计草图以及最终呈现的设计成果；虚拟展示功能则可在在线展馆以及元宇宙空间中高度逼真地还原服饰；文旅融合功能能够打造数字化IP，用于文旅产业的传播推广；教育普及功能提供交互式AI生成体验，吸引年轻群体参与到传承活动中来。

Stable Diffusion为小体量数据的民族服饰研究提供了全新途径：在人文艺术方面，它可把田野调研以及文献研究的成果转变为高质量数据，留存文化语境；在计算机智能领域，它可以借助小样本微调以及可控生成，实现服饰的高保真还原与拓展；在应用范畴上，它可服务于保护、传承以及创新，促使非遗在教育、设计、文旅等方面进行多元应用。未来，基于Stable Diffusion的智能平台会成为内蒙古民族服饰朝着“数字化—数智化—智慧化”递进式发展的关键动力，它不只是非遗保护的工具，也是人文与科技深度融合的试验地，为人类非遗数字化提供了可推广的模式。

3.4.1 内蒙古民族服饰的模型训练与平台技术逻辑

数据采集步骤

• 调研与分类方面，围绕田野调查、档案研究以及馆藏文物展开，采集内蒙古民族服饰的实物影像、工艺文档以及口述资料，建立多模态数据库。

• 标准化处理环节，针对服饰图片实施高清化处理、背景分离以及纹样提取操作，以此保证数据的清晰度以及可训练性。

• 在语义标注与知识图谱构建时，搭建和服饰相关的元数据标签体系，如颜色、材料、工艺、用途等，然后形成知识图谱，以此提升数据的可理解性以及可检索性。

模型训练与优化机制

• 小体量数据的训练策略：采用迁移学习（transfer learning）、数据增强（data augmentation）与少样本学习（few-shot learning）的方法，充分发挥有限数据的潜能。

• 扩散模型的可控性：基于Stable Diffusion引入ControlNet、LoRA等技术，实现对生成图像的细节控制，例如服饰纹样的精细再现、色彩搭配的准确模拟。

• 迭代优化机制：通过持续开展对用户交互反馈的采集工作，持续进行模型的迭代更新，以此提升生成结果的真实性和文化适配度。

平台搭建与服务功能

• 平台架构方面采用云端和本地协同架构的构建方式，以保证大规模计算的能力，同时可契合研究机构或者企业提出的定制化需求。

• 核心功能涉及多个模块，其中有服饰生成与还原模块、纹样识别与分析模块、虚拟展示与交互模块以及设计辅助与教育传播模块等。

• 用户群体主要针对学术研究者、设计师、博物馆、文旅企业以及公众用户，形成了多层次、多维度的服务体系。

应用与扩展

• 学术研究方面：借助平台所提供的数据以及模型，可为民族学、人类学、艺术学等领域的研究提供支撑，帮助这些领域的专家开展更为深入的研究工作。

• 教育传播领域：可为中小学、大学以及社会教育提供有可视化与交互式特点的教学资源，以此提升民族文化的传播能力。

• 文旅融合范畴：结合虚拟现实和增强现实技术，打造出沉浸式的民族服饰体验，推动文旅产业实现升级。

• 设计创新领域：为时尚设计师以及数字艺术家提供灵感与工具，促使民族服饰在现代设计中进行再创造。

内蒙古民族服饰的模型训练以及平台搭建，不只是对文化遗产保护的一种技术回应，更是推动其传承与创新的一条战略路径。从必要性角度而言，它回应了小体量数据面临的困境，又为产业发展提供了基础设施方面的支持；从技术框架角度来说，它凭借数据采集、模型训练、平台搭建以及应用扩展构建起了完整的数智化体系。这种跨学科、跨领域的融合探索，会为内蒙古民族服饰的数字化、智能化以及智慧化发展开拓新的道路，推动传统文化在新时代实现创造性转化与创新性发展。

3.4.2 内蒙古民族服饰模型训练数据集的标准与分类构建

Stable Diffusion扩散模型驱动的内蒙古民族服饰数智化平台要想落地，首先必须建立标准化的数据集，否则后续的模型训练与迭代都将缺乏统一规范，导致数据噪声过大、模型偏差严重、结果失真等问题。我们必须梳理出一个学术化、分层次的内蒙古民族服饰模型训练数据集的标准与分类方案。

3.4.2.1 建立数据集标准的必要性

在人工智能训练体系当中，数据质量对模型性能起着直接的决定性作用。就内蒙古民族服饰来说，其数据不仅要符合计算机视觉训练的要求，如清晰度、标注一致性和覆盖度等方面，而且还要蕴含人文艺术的文化语义，如纹样、颜色、功能以及历史语境等内容。构建数据集标准在多方面都很有意义：在文化真实性方面要保证数据里所呈现的服饰细节（如材料、纹样以及色彩搭配等）可如实体现民族传统，而不是随意拼接组合；技术可训练性方面需保证数据清晰且规范，这样有利于深度学习算法进行识别以及建模工作；跨模态兼容性方面要为后续图像、文本、音频（如口述工艺、3D扫描）等多模态的融合打好基础。

3.4.2.2 数据集构建的总体原则

• 真实性原则：采集自博物馆、档案馆、田野调查、传承人实物与影像。

• 系统性原则：涵盖服饰的全生命周期，包括材料—工艺—成衣—使用场景—文化意义。

• 可扩展性原则：数据结构开放，允许未来扩展新民族、新地域或新工艺。

• 可计算性原则：对图像、文字进行标准化标注，使其符合机器学习语料的规范。

3.4.2.3 数据分类框架（多维度设计）

建议从以下四个维度构建三级分类标准。

按民族与地域分类

蒙古族、达斡尔族、鄂温克族、鄂伦春族、哈萨克族、其他少数民族，解决民族服饰在“宏观概念下的差异化”问题，避免训练结果同质化。

按服饰类别分类

• 头部：帽子、头巾、发饰。

• 上身：袍子、坎肩、马甲、上衣。

• 下身：裙子、裤子、腰带。

• 鞋靴：长靴、短靴、鞋子。

• 配饰：饰品、腰带扣、鞭子、护甲等。

为模型提供清晰的结构化学习，提升生成图像的部位可控性。

按工艺与材料分类

• 材料：皮革、毛织物、棉布、丝绸、呢料、金属、宝石。

• 工艺：刺绣、织造、镶嵌、染色、缝制、贴花。

• 功能：礼仪服、节日服、婚服、丧服、日常服、劳动服、骑射服。

让模型学习不同纹理、材料的反光特性与用途语境，减少生成结果的错配。

按语义与符号系统分类

• 颜色符号：蓝（天空/信仰）、白（纯洁/尊贵）、红（生命/喜庆）、黄（金/权力）、黑（土地/稳重）。

纹样符号：云纹、火焰纹、几何图案、动物纹（马、鹿、鹰、狼）、植物纹（莲花、藤蔓）。

社会语境：婚礼、祭祀、那达慕大会、日常生活、出行狩猎。

最终帮助模型理解文化语义，而不仅仅是表层图像特征。

3.4.2.4 数据集构建的技术标准

图像质量标准

- 分辨率：建议不低于2K（2048×2048），最低不可低于1K（1024×1024），用于细节学习。
- 视角：多角度采集（正面、背面、局部、360度扫描等）。
- 背景：尽量统一背景与场景化照片并存，便于通用训练与特定场景增强。

标注标准

- 使用多层次标签体系（民族—部位—工艺—符号）。
- 支持文本描述（传统名称、工艺说明、语境说明）。
- 建立知识图谱（服饰图像与文化语义的关系）。

样本多样性标准

- 每类不少于300张核心图像，以保证训练的平衡。
- 对稀缺样本采用数据增强（旋转、缩放、颜色变换），但应保证文化符号不失真。

3.4.2.5 分类与模型训练的对应关系

- 民族—服饰部位分类→解决生成时整体造型的准确性。
- 工艺—材料分类→解决纹理还原与细节真实性。
- 颜色—纹样分类→解决文化符号的可控性与生成结果的文化语境一致性。
- 语义场景分类→让模型在生成时能嵌入“场景感”，如祭祀、婚礼场景下的服饰样貌。

民族服饰模型训练数据集的标准以及分类需要同时考虑人工智能训练的技术规范以及民族文化的内涵表达，借助民族、部位、工艺、语义的分类体系，再加上高质量图像标准化、知识图谱化标注、多样化样本等手段，才能既保证数据集可以支撑Stable Diffusion的高精度训练，又维持民族服饰的文化真实性与符号完整性。这样的标准化建设不只是模型训练的前提条件，更是构建“内蒙古民族服饰数智化平台”的数字基础。

3.4.3 内蒙古民族服饰模型训练的方法与参数研究

扩散模型领域近年来发展迅速，其中Stable Diffusion已成为目前最具代表性的开源文本到图像生成框架之一，它的优势体现在生成质量、开放性以及训练模式的灵活性等方面，通过Checkpoint模型训练和LoRA模型微调，为小体量、高价值的专业数据集提供了新的可能，内蒙古民族服饰样本稀缺、符号复杂、语义层次丰富，这一特性与扩散模型在“可控性”和“迭代性”方面的能力相契合。下面将从技术发展、训练参数、民族服饰数据特征、未来应用场景等方面进行系统论述，构建一套以Stable Diffusion为核心的内蒙古民族服饰数智化训练规划。

3.4.3.1 Stable Diffusion模型技术发展与版本迭代

扩散模型的发展脉络

扩散模型最初源于去噪扩散概率模型（DDPM），随后逐步演化为去噪扩散隐式模型（DDIM）、潜在扩散模型（LDM）。其中，Stable Diffusion作为LDM的开源实现，通过在潜空间（latent space）进行扩散与去噪，显著降低了计算成本，使得高分辨率图像生成在消费级GPU上成为可能。

Stable Diffusion的版本演化

Stable Diffusion 1.x是基于LAION-5B数据集进行训练的，其训练目标主要聚焦于通用图像生成；Stable Diffusion 2.x在文本与图像对齐、分辨率达到768×768以及细节提高等方面都有了优化；Stable Diffusion XL将原生分辨率提升至1024×1024，有更强的构图能力和符号表达能力；目前最新的版本为Stable Diffusion XL FLUX.1，在服饰生成真实性上有着良好的效果，生成效果也能达到超高清。未来的发展趋势是结合多模态输入，包括图像、文本以及3D扫描等，以此提升跨语义映射能力，使其更适用于有“图像+文化”双重特征的民族服饰数据集。

Checkpoint与LoRA模型技术

• Checkpoint训练：面向大规模数据再训练或精调，能够学习整体风格与语义特征。

• LoRA微调：更适合小数据集，降低显存消耗与训练时间，仅对权重矩阵进行低秩更新。

Checkpoint模型训练的技术参数与方法

Checkpoint训练适用于跨民族、多样性的数据覆盖需求，需要重构完整的民族服饰生成语义空间。数据集规模在数千至数万张以上，应用于民族服饰的基础模型训练，需要的算力资源也是比较多的。

核心训练参数上，建议指标如下。

- 学习率（learning rate）：推荐1e-5 ~ 5e-6，用于稳定收敛。
- 批大小（batch size）：8 ~ 32，根据显存而定。
- 训练步数（steps）：典型值为100K ~ 300K步，需根据数据复杂度调整。
- 分辨率（resolution）：768×768或1024×1024，确保纹样与工艺细节被捕捉。
- 优化器：AdamW（β1=0.9，β2=0.999，weight decay=0.01）。

方法要点如下。

- 多阶段训练：先进行低分辨率训练，再逐步提升至高分辨率，以减少显存压力。
- 正则化数据：引入通用服饰/人物数据集进行正则化，避免模型过拟合于民族服饰的局部特征。
- 符号增强：重点训练纹样、色彩、工艺等符号语义，保证生成结果符合文化特征。

LoRA模型训练的技术参数与方法

LoRA更适合小体量、高价值数据集。

- 每类民族服饰仅有300~1000张图像。
- 强调符号定制化，如某一特定部落的帽饰或婚礼服。
- 需要快速迁移、低资源微调的应用环境。

核心训练参数如下。

- 秩（rank）：通常设置为4 ~ 16，推荐设置为8以平衡精度与效率。
- 学习率：1e-4 ~ 5e-5，适合小数据集稳定收敛。
- Batch Size：2 ~ 8，显存占用极低。
- 训练步数：5000 ~ 20000步即可获得较好的效果。
- LoRA α（scaling factor）：与rank相同或稍高（8 ~ 16）。

方法要点如下。

• 语义聚焦：训练时需提供精确的Prompt标注（如“蓝色蒙古袍，祥云纹饰，祭祀场景”），以增强语义控制。

• 低资源友好：可在单张消费级GPU上完成训练，适合地方性研究机构使用。

• 可叠加性：不同LoRA模型（如头饰、纹样、场景）可模块化叠加，形成组合式训练体系。

3.4.3.2 民族服饰数据特点与模型训练策略

数据稀缺与异质性

内蒙古民族服饰存在样本稀缺、异质性强的特点。Checkpoint模型难以在小数据集上直接学习，而LoRA则能通过低秩更新捕捉独特符号。

文化符号与语义需求

蒙古袍、腰带、头饰等不仅是服饰，更是身份、地位、仪式的象征。因此，训练需融合“图像+文本”双模态标注，建立符号知识图谱。

分层次训练方案

• 基础层（Checkpoint）：学习“内蒙古民族服饰”整体语义与纹理风格。

• 符号层（LoRA）：对细分部落、工艺或场景进行精细化建模。

• 应用层（Prompt Engineering）：通过提示词工程实现文化可控性生成。

Stable Diffusion通过Checkpoint全局训练以及LoRA局部微调的方式，为内蒙古民族服饰的数智化研究开拓出了一条可行的道路。Checkpoint适用于构建宏观层面的“服饰语义空间”，而LoRA在有限样本的情况下，更善于完成符号的细化工作。通过对训练参数进行合理规划，并结合民族服饰数据库的标准化构建，未来可对非遗保护起到推动作用，而且还会在文化传播、文旅融合以及设计创新等诸多领域发挥关键价值。可以预料，扩散模型的版本迭代会逐渐朝着多模态融合以及跨文化语义表达的方向发展，为内蒙古民族服饰的数字化赋予更为广阔的前景。

3.4.3.3 基于稳定扩散XL的内蒙古民族服饰图像生成训练实践

稳定扩散XL，也就是Stable Diffusion XL，简称为SDXL，是Stability

AI推出的最新一版文本到图像的生成模型，运用的是双阶段潜在扩散架构。其中基础模型，也就是3.5B参数的Base model会生成初始潜在表示；而细化模型，即6.6B参数的Refiner会对这个初始潜在表示去噪以及锐化，最终输出1024×1024的高分辨率图像。SDXL在模型里集成了两个预训练文本编码器，分别是OpenCLIP-ViT/G和CLIP-ViT/L，其上下文维度为2048，以提高对提示词的理解能力。SDXL的U-Net骨干网络规模大概是1.x版本的3倍，有更多的Transformer注意力块以及跨注意力机制，这使得它在多样化外观和构图控制方面比早期版本更具优势。基于这样的架构，我们研究了两种针对“内蒙古民族服饰”领域的图像生成训练方案，一种是全局Checkpoint训练，另一种是局部LoRA微调。

在高质量图像标注已然完成的情况下，针对内蒙古民族服饰这一特定垂直领域构建稳定、可控且可复用的生成式模型体系，其关键要点在于以Stable Diffusion XL作为基础，分别推行Checkpoint全局训练以及LoRA局部微调这两条技术路径，并且在数据治理、训练流程、评测与发布等环节形成一个完整的闭环。在小体量但有高价值的民族服饰场景当中，Checkpoint可承担起“整体语义空间”的重塑任务，解决构型、纹样、工艺与场景之间的系统耦合问题；LoRA则是以轻量化适配器的形式聚焦于特定符号与局部风格，在30 ~ 50张样本的级别就能实现“专长型”增益。这二者并非相互对立，而是有着分工互补的关系，前者如同“打地基、立骨架”，后者恰似“精修饰、补经络”。

Checkpoint全局训练及LoRA局部微调“双轨并行”的总体思路

内蒙古民族服饰图像生成任务面临着三重挑战。

• 语义层级较深，同一“袍型”在不同部落、礼俗以及季节中会呈现出差异化的领型、袖口、镶边与配饰组合。

• 符号精度较高，纹样与配色承载着宗教、族源、身份、岁时等文化意涵，任何误置都可能构成文化失真。

• 数据规模较小，可公开利用的高清样本受到文献、馆藏以及隐私授权的限制；对应到模型层面，单一路径很难同时契合“广覆盖的整体把握”以及“细粒度的局部控制”。

Checkpoint全局训练：500 ~ 1000张图片，以SDXL-Base为主体，必要时可叠加Refiner短程精修，重塑“民族服饰语义空间”，让模型在构型、材质、镶边与配饰的整体一致性上达到可信水准，并为复杂构图、跨场景合成与高分辨率还原提供稳定底座。

LoRA局部微调：每类30 ~ 50张即可，以特定目标为单元，如某一头饰系统、某类镶边纹样、某种靴形结构，在不干扰基座风格统一性的前提下，叠加“可插拔”的局部能力，实现特征点增强与触发词可控，适配修复、局部替换与创意拼接。

此种“基座—适配器”的架构，在小样本、强约束的非遗场景中兼顾了泛化与可控，为后续产业化部署（数字展陈、文旅交互、智能设计辅助）提供了工程可行性。对数据标注完成后需针对SDXL的训练特点进行二次梳理，使两条训练路径共享一致的语义坐标系。

数据分层与均衡

• 语义平衡：确保500 ~ 1000张全局数据中，按部族支系、服饰用途、季节礼俗等维度近似均衡，避免模型偏向某单一族支或单一礼仪。

• 场景多样：保留适量“人物在场景中穿着”的照片（草原、毡房、那达慕、室内礼仪），与纯白或纯色背景的“制品图”共同组成训练集，这能教会“模型结构—场景用途”的搭配关系。

• 质量门槛：优先选择1024×1024分辨率，尽量保证色彩校准，去除水印与重度压缩图；对难以替换背景的图，考虑前景分割后合成统一背景版本，降低背景噪声。

标签—文本—Prompt三层关系

• 标签层（结构化）：服饰类别、部件（领、襟、袖、摆、腰带、头冠、耳饰、靴）与工艺（刺绣、盘金、嵌珠、贴花）、纹样（几何、云纹、火焰、动物、植物）、材质、配色、场景/用途等。

• 文本层（说明性）：将标签组织为自然语言描述，统一措辞风格（中英双语各一套）；英文短语便于与OpenCLIP/CLIP编码器良好对齐。

• Prompt层（生成性）：为训练、验证、测试设计分级Prompt族，见表3-3。

表3-3　Prompt族分级

Prompt族	说明
基准Prompt（还原实物）	“A full-body traditional Mongolian deel with blue silk, cloud-pattern trim, silver headdress, formal ceremony setting, photorealistic”

续表

Prompt族	说明
组合Prompt（泛化测试）	交叉替换材质、纹样与场景
负向Prompt（去伪纠偏）	禁止“汉服结构”“和服袖”“现代西装领”等跨文化误拼

正则化与合成扩增

在Checkpoint训练中，混入少量“通类服饰/通类人物”样本作为先验保持；在LoRA目标稀缺时，利用图生图/线稿引导生成少量“半合成”样本，人工复核后纳入增广，以增强目标符号的多样性。

Checkpoint全局训练方案

通过对SDXL-Base的全模型进行精调，必要时辅以Refiner短程精修，令模型在构型、工艺、纹样、色彩与场景的协同上达到可用水准，为完整服饰的生成、复杂修复与高分辨率的创意设计提供可靠基座。

针对中等规模的数据集（500 ~ 1000张服饰图像），Checkpoint训练方案对SDXL进行全模型微调，以构建完整的语义空间，从而提升整体服饰外形、纹样和色彩的还原能力。其关键要点如下。

• 模型架构：首先选择仅仅训练SDXL-Base的U-Net，将双文本编码器与VAE进行冻结，以此来降低出现灾难性遗忘的情况，在项目后期的时候，可以针对Refiner进行5000 ~ 10000步的短程精修，采用小学习率以及强早停的方式强化高频纹理，比如丝、锦、银饰反光等纹理。

采用SDXL基座模型进行微调。基础模型生成分辨率为128×128的潜在图像，细化模型生成分辨率为1024×1024的图像；可视需要先只微调基础模型或同时微调基础+细化模型。注意：文本编码器一般应保持冻结，仅训练扩散过程参数。

• 数据预处理：对服饰图像进行统一尺寸（如1024×1024）的裁剪或填充，保证主要服饰图案清晰；随机翻转、旋转等增强可增加视角的多样性。注意：应控制背景和服饰主体的对比度，使模型更专注于学习服饰纹样。

• 训练参数：常用学习率约在1e-5量级（线性热身500 ~ 1000步），批量大小（batch size）为1 ~ 4（可通过梯度累积增大有效batch），训练步数为20000 ~ 60000，可达万级以上。Diffusers中使用batch_size=1，累积4步、max_train_steps=15000、lr=1e-5可参考；调度器Cosine/

OneCycle，配合EMA（0.999 ~ 0.9999）平滑收敛。为防止过拟合，正则混入5% ~ 15%通类服饰/人物图，抑制过拟合，可使用余弦退火或线性暖启动等学习率调度器，并监测验证集指标，精度与内存为BF16/FP16 + gradient checkpointing + xFormers。

• Prompt构造：设计高质量提示词描述服饰特点，如“蒙古袍、花纹、头饰、腰带”等关键词，结合风格词（传统、写实、插画等），并在英文环境下使用准确的翻译（traditional Mongolian costume）以适配编码器特征。必要时使用负面提示屏蔽不相关元素（如no background等）。

• 正则化策略：为了避免小数据过拟合，可混合使用通用民族服饰图像库或相关时尚数据（如世界各地传统服饰）。例如，可将内蒙古服饰与其他草原民族服饰数据混合训练，让模型学习更广泛的形态规律。类似DomainStudio等研究强调，在有限数据微调时保持样本间的多样性至关重要，可“保持样本间相对距离”以避免模式坍缩。另外，可在训练中插入高频细节损失（如对比度损失）以强化纹样、刺绣等细节的学习。

• 硬件与效率：全模型微调资源消耗大，建议使用多GPU并行或显存≥24GB的高端GPU（如A100）。可开启混合精度（FP16/BF16）和梯度检查点（gradient_checkpointing）来降低显存占用。Diffusers文档指出，使用混合精度和检查点技术，24GB显存的卡也能完成微调任务；更大的显存（≥30GB）可加快训练速度。此外，可使用分布式训练、精度削减技术（如XFormers加速）等优化训练效率。

LoRA局部微调方案

Low-Rank Adaptation（LoRA）微调针对每类服饰符号和配饰（如特定头饰、腰带样式）在小样本场景（每类30 ~ 50张）的情况下进行轻量调整。首选在U-Net的Cross-Attn（Q/K/V/O）层插入LoRA；对极细纹样也可在部分Conv/FFN层少量插入；一般不改动文本编码器；如触发词稳定性欠佳，可增配极小LoRA到文本侧高层注意力。

• LoRA原理与层选择：采用LoRA技术，只对部分网络参数（通常为U-Net交叉注意力层中的权重）引入低秩适配器。具体而言，将交叉注意力的$W_Q，W_K，W_V，W_O$等矩阵用两个较小矩阵$A（r\times k）$和$B（d\times r）$表示，r为LoRA秩（rank），远小于原始维度。实践中一般先对U-Net的交叉注意力层应用LoRA，也可尝试在文本编码器或特定层加入LoRA。基于研究，微调注意力模块即可快速适应新概念，并减轻过拟合。

• LoRA超参数：LoRA_rank（r）决定适配器维度，通常取值范围可从4、8、16起步，小秩（如4 ~ 16）参数少、速度快，大秩（32以上）容量大但易过拟合，可视数据量和效果折中选择。LoRA_alpha（α）为缩放因子，一般与r同量级，常用作α/r缩放以稳定学习。例如，常设$\alpha=r$（缩放比为1）或$2r$，以微调强度为参考调节。

• 参数设置：秩（rank）为8 ~ 16，以8起步，纹样复杂可选16；缩放alpha为r或2r，保证梯度有效；学习率为1e-4 ~ 5e-5；批大小为2 ~ 8，梯度累积维持等效16以内；步数为3000 ~ 10000；触发词，为每个LoRA设计稳定唯一的trigger token，贯穿训练/推理；正则化，少量加入“对照服饰不含该符号”的样本，强化区分边界；目标一致性，保证30 ~ 50张样本在角度、光照、背景上适度多样，但符号本体应一致。

• Prompt设计：针对LoRA训练的图像，设计精准的文本描述尤为重要，一般应包含衣物品类、配饰名称、风格（如“Han-style trimmed”）、质地描述（如“silk pattern”）等关键词。确保每张图像都标注一致的专属关键词标签，比如每种特定头饰都用相同的Prompt训练。训练时也可使用Prompt模式，如<lora：专属标记：权重>，可在Stable Diffusion WebUI中测试效果。

Prompt推理时使用<lora：name：权重>控制强度；组合多个LoRA时，控制权重和次序，优先“结构类LoRA→纹样/材质LoRA→色彩LoRA”，避免相互覆盖；负向Prompt为禁止跨文化元素侵入（“no hanfu collar，no kimono sleeve”等）。

• 正则化与对比生成：为增强LoRA关注目标概念，可配合使用对比学习思路。例如，构造合成图像，在基础服饰图像上叠加目标配饰，并与原图配对训练，引导模型区分有无特定符号。还可与未使用LoRA时生成的图像做对比，使得LoRA生成结果与原模型结果存在显著风格差异。总之，主要目的是让LoRA模块专注于学习新增符号/风格，而原始模型则保持对基础语义的表示。

• 训练时间控制：LoRA训练速度显著较快。Diffusers团队的实验表明，在单卡2080Ti（11GB）上即可完成LoRA微调，且训练权重文件仅约3MB（约是原模型的千分之一大小）。一般几十到上百步即可收敛，有时仅需几小时即可完成一个LoRA训练。可借助混合精度和低显存优化（如XFormers）在资源有限的硬件上进行快速训练。训练过程中应注意监控生成样本，一旦满足预期效果即可终止训练，避免过拟合。

Checkpoint全局训练及LoRA局部微调方案对比分析

在应用质量、可控性与资源消耗等方面，两种方案各有优势与局限。

• 生成质量：在生成质量方面，Checkpoint方案对全模型进行微调，可学习到完整的语义空间，其一般输出的整体服饰造型以及复杂纹样会更加自然连贯；而LoRA方案主要侧重于学习局部概念，更多的是强化特定的配饰或者细节，其整体效果依赖于基础模型，尽管存在这样的情况，研究显示LoRA微调在推理时的效果可以和全模型微调相媲美，只是在缺乏大规模语义背景的情况下，LoRA生成的图像语义广度会稍微低一些。

• 可控性：LoRA有出色的插拔特性，不同的LoRA模块可叠加运用或者依据需求开启，适宜针对多种符号实施单独调整；而完整的Checkpoint会把所有修改印记于一个模型里，不容易区分不同元素所产生的影响。在需要频繁转换风格或者处理细节任务的场景中，LoRA呈现出更高的灵活性。

• 资源消耗：全模型微调需要耗费大量的GPU计算资源以及显存，其模型权重一般为2 ~ 7GB；与之不同的是，LoRA仅对少量参数进行更新，所需的GPU显存以及训练时间相对更少。比如，Diffusers示例中使用2080Ti 11GB显存便可完成LoRA训练，而Checkpoint训练则建议显存容量≥24GB。

• 语义广度：Checkpoint训练可拓展整个模型的语义理解范畴，适用于学习各类服饰类型以及背景场景等内容；而LoRA训练则侧重于少量类别符号，能更细致地学习目标符号的细节之处，不过对于未出现的新语义，其能力相对较弱。如果任务要求多种服饰同时呈现或者面对复杂场景，Checkpoint的表现会更为出色；倘若只是需要在特定经典服饰上进行样式修正或者增添新配饰，LoRA就足够了且更为高效。

• 文化细节保持：完整的模型训练可在整体风格方面融入更多的文化元素以及历史纹样知识，而LoRA则更容易对少量样本的细节出现过拟合的情况。为了兼顾文化细节以及效率这两个方面，有一种策略是先借助Checkpoint训练来学习基础造型以及大致的色彩，随后再运用LoRA对具体的纹样或者配饰进行细致的优化。也就是说，“Checkpoint预训练+LoRA微调”这样的混合方案可取得兼顾两者优势的良好效果。

内蒙古民族服饰图像生成训练的结合策略

对于内蒙古服饰生成任务，可运用“全局训练+局部微调”的组合流程：首先依据SDXL对广泛搜集的民族服饰图像开展Checkpoint训练，得到一个适配整体民族服饰语义的通用模型；接着针对特定元素单独进行LoRA模块训练，以达成对局部细节的精确控制。可借鉴此思路，把Checkpoint当作“源领域”知识提供者，再借助LoRA微调适应新符号，兼顾多样性与精细度。

总结来看，Checkpoint全局训练以及LoRA局部微调是针对内蒙古民族服饰图像生成的两种有互补性的策略。前者适合用来生成完整的服饰场景、开展图像修复或者进行创意设计，可有效地捕捉整体服饰的架构以及色彩；后者适合用于替换或者添加特定的符号或者配饰，以此来实现局部风格的定制。不管选择哪种方案，数据质量以及标注准确性都是十分关键的，唯有高质量的服饰图片以及精确且一致的标签才可以让模型学习到正确的文化语义。在未来的工作当中，需要重视数据集的丰富程度与多样程度，保证训练集包含各类内蒙古服饰要素，最大程度地发挥两种方案的潜力。

“双轨并行”支撑文化准确与创造性民族服饰模型

针对内蒙古民族服饰这个有高语义密度以及强文化约束特点的小样本领域而言，Checkpoint全局训练与LoRA局部微调分别有着“重塑语义空间”和“提高局部符号”的作用，前者为整体构型以及跨场景泛化提供稳定的基础，后者为修复、替换以及创意拼装提供灵活且可控的增益模块，二者在SDXL架构下共同协作，可在完整图生成、inpainting与设计创新这三类核心任务里达成“文化正确性、细节可信度与生成效率”的三重平衡。

在实践过程中，依靠高质量标注、严格的数据/Prompt对齐、分阶段的优化以及双轮评测机制，可以把“学术可行的技术方案”转化为“产业可用的智能平台能力”，这种“基座—适配器—评测—迭代”的范式可转移到更广的非遗门类，成为“人工智能+文化驱动”朝着“数字化—

智能化—数智化”发展的可复制路径。

3.4.3.4 基于SDXL版本的内蒙古民族服饰LoRA模型可用性测试方案

由于数据量较少，区域数据在模型训练时主要采用LoRA模型，我们会对LoRA模型进行评测。在完成高质量图像标注与训练流程后，针对内蒙古民族服饰的LoRA模型开展系统性可用性测试，这是保证模型进入完整服饰生成、图像修复、局部替换与创意设计真实业务场景前的必要步骤。此环节是技术验证，也是文化校准与认定的过程：一方面要判断LoRA在SDXL基座上的泛化能力、可控性和稳定性；另一方面要审视其对族群服饰“文化正确性”的尊重程度，包括构型比例、礼俗语境、纹样—部位—身份的对应关系以及色彩—材质—季节的对应性。本文按照“任务驱动—指标牵引—实验复现实务—文化专家仲裁”的总体思路，提出一套可复用的可用性测试方案，并引入SD WebUI的XYZ轴网格生成进行参数敏感性与组合对比，形成“量化—定性—主客观融合”的评价闭环。

测试目标与基本原则

可用性测试要回答三个核心问题：其一，模型在典型任务里能否产生连贯、可解释且质量稳定的图像，也就是是否“能用”；其二，模型在权重调节、提示词工程以及与其他LoRA/ControlNet叠加时，响应是否可控，退化程度是否有限，以此判断其是否“好用”；其三，模型在文化正确性、伦理合规与版权边界内能否安全落地，即是否“可用”。

围绕这三个问题，测试应遵循四项基本原则：首先是分层、分场景，对文生图、图生图、修复/局部替换以及创意拼接分别进行检验；其次是基线对照，所有评测都要与“SDXL基座无LoRA”以及“历史版本LoRA”做A/B比较；再次是主客观合一，凭借自动化指标筛查质量趋势，借助专家量表与用户主观评分做出最终裁决；最后是可复现实验，明确数据划分、随机种子、Prompt集合与推理配置，保证不同团队、不同时间段进行重复测试都能得出相同结论。

在数据层面，要从训练阶段严格划分出三类集合：其一为复现基准集，它覆盖了与训练同分布的常规样式，其作用是度量模型是否“保持已学”；其二是组合挑战集，对材质、纹样以及场景进行交叉重组，以此检验“泛化与组合能力”；其三是对抗失真集，在提示中特意放入跨文化干扰因素，像汉服领、西南地区服饰、现代西装元素等，并且使用负向提示进行抑制，测试“防错与纠偏”。每一类集合都要保持民族支系、性别年龄、礼仪或者季节、用途、场景背景的大致均衡，而且分辨率与色域要和训练阶段一致，这样可减少非语义因素的干扰。在基线方面，至少要保留3条：SDXL-Base裸推理、历史版本LoRA、近邻领域LoRA。比如用通用传统服饰LoRA来观察迁移上限与文化边界。所有基线都固定了相同的随机种子组与采样器（如DPM++ 2M Karras），并保持采样步数和CFG范围一致，以此实现变量控制。

评测维度与指标体系：质量、可控、稳健、文化准确性

评测维度建议覆盖以下四个层面并保持互证关系。

• 生成质量：用感知相似度与结构一致性指标做底层筛查，如基于感知差异的LPIPS、结构相似度SSIM以及在ROI（纹样/镶边区域）上计算的局部FID；在文图对齐方面，可采用CLIP/BLIP-Score衡量提示—图像语义一致性。

• 可控性与参数敏感：关注LoRA权重、CFG、采样步数、去噪强度（img2img/inpaint）对输出的影响是否呈现“单调可解释”的响应曲线，避免“轻微扰动即风格塌陷”的脆弱性。

• 稳健性与兼容性：观察不同背景、光照、遮挡、姿态、镜头焦距变化下的稳定性，并测试与ControlNet（线稿/姿态/深度）及其他LoRA的叠加是否出现相互覆盖或“抢权”现象。

• 文化正确性：由民族服饰与非遗专家基于量表进行主观评分，指标包括构型比例（领、襟、袖、摆与袍幅）、纹样—部位对应关系、工艺可信度（刺绣/盘金/嵌珠视觉逻辑）、色彩—身份—礼仪的一致性、整体文化语境匹配度。为提高量表可靠性，采用3 ~ 5名专家盲评，统计Cohen’s κ或ICC以检验一致性；若分歧较大，进入复核环节并形成仲裁意见回流至模型修正。

SD WebUI的XYZ轴测试方法

为系统刻画LoRA的参数敏感性与可控边界，建议在SD WebUI的XYZ Plot工具中进行网格化生成。典型设计是令X轴为LoRA权重（例如0、0.4、0.6、0.8、1.0、1.2、1.4），Y轴为CFG Scale（例如4、6、8、

10、12)，Z轴为任务相关参数：在文生图中可取采样步数或不同采样器，在图生图/修复中取“去噪强度（denoise strength)”（如0.15、0.25、0.35)，在多LoRA叠加时亦可将Z轴设定为第二个LoRA的权重。通过相同的Prompt家族在三套数据集上的网格生成，得到稳定的“参数—图像”地形图。

观察重点包括：权重—强度曲线是否单调且线性近似，LoRA权重从0.6提升至1.0时，符号/纹样的“显著度”是否随之稳定增强；临界区识别，在何处出现“材质塑形过强导致构型变形”或“色彩污染导致身份错配”；在最优工作域，找到能兼顾细节与整体的权重与CFG组合区间，为后续产品化的默认配置提供依据。XYZ网格应固化随机种子与初始潜变量，便于不同模型版本在相同地形上进行可复现的对比。

任务场景的系统化评测

在核心任务上，分别制定紧贴业务的评价程序。

• 对于文生图，以“身份—用途—季节—场景—服饰类别—材质—纹样”类似要素构造分层Prompt；每种要素至少10个变体，跨季节、跨礼仪、跨场景组合，形成足够的分布覆盖。

• 对于图生图/修复，准备“实物受损/缺失部件/遮挡严重”的挑战样本，采用统一的Mask与相同的去噪强度网格生成，重点分析接缝自然度（seam score)、纹样对齐度（基于DINO/特征点的局部匹配）与材质过渡的可信度。对于局部替换，如将既有袍服的镶边、头饰或腰带替换为目标族支样式，需建立“替换正确率”指标（专家判定部位、符号、礼仪是否一致)，并度量“语义污染率”（即除目标部位外，其余区域是否被连带扭曲)。

• 对于创意设计，测试多LoRA叠加（结构—纹样—色彩）的可控性，考察LoRA间的互扰度。要求在总权重受限的条件下达到“最优视觉效用”，并由专家给出“创新边界”判定：哪些跨文化拼接属于创造性转化，哪些属于文化错置，明确安全边界。

主观评测的融合机制

量化层面，以“先筛后审”的策略降低主观评审负担。自动化部分：首先，计算文图对齐（CLIP/BLIP)，对低于阈值的样本直接剔除；其次，对ROI（由标注框或自动分割得出）计算LPIPS/SSIM与局部FID，筛掉明显纹样崩溃或材质塑形错误的样本；再次，进行配色稳定性分析，剔除身份色彩明显偏离的样本；最后，利用结构相似性度量与关键点匹配，如边线、袖口、领口等特征，确保构型未被意外扭曲。

主观层面，由专家对筛后样本使用五分量表进行文化一致性、工艺可信度与整体审美评分，并记录自由文本的“失效模式”标签，如“领口错位”“纹样漂移”“色彩越界”“材质塑形过强”“跨文化干扰未抑制”等。为确保主观评分的统计效力，采用成对比较（A/B）与多臂排序（Thurstone/BTL）构建稳健的总体排序，并计算评委间的一致性（κ/ICC）。

当自动化评分与主观评分出现系统性偏差时，回溯产生矛盾的样本族，更新自动化度量或修订量表的解释，直至两者达到统计意义上的一致或可解释的差异。

测试的价值在于暴露问题并提供修正路径。针对常见的失效模式，可建立“问题—归因—修正”的知识库。若出现纹样漂移，通常与LoRA权重过高、CFG偏大或训练样本纹样分布过窄有关，修正策略包括下调权重、调低CFG、补充多角度/多尺度纹样样本。若出现款式变形，多由去噪强度过大、步数不足或多LoRA叠加互扰引起，应减小denoise、增加采样步数或调整LoRA叠加顺序与权重。若出现色彩越界（身份色错配），需引入更强的负向提示与颜色约束，并在训练数据中补充身份—色彩对齐的正例。若出现跨文化干扰抑制失败，需增加“对抗失真集”的比重，并在Prompt侧强化禁止语句，同时考虑在LoRA训练时加入“对照负样本”帮助模型学会区分。对于材质塑性过强导致的“胶感”，可通过Refiner的短程精修、降低LoRA rank或减少Conv/FFN注入来缓解。所有修正均应进入“再训练—再评测”的闭环，并在版本库中形成清晰的溯源链条。

当一轮测试完成后，应建立明确的准入门槛，如专家文化一致性均分≥4.0（满分为5.0），CLIP-Score辅助阈值≥P50分位，ROI-FID/LPIPS低于上一版本，XYZ网格中的最优域占比不低于既定阈值，多LoRA叠加下互扰度低于设定的上限值等。达标后，发布模型卡并载明：训练与验证数据概况、局限性与已知失效模式、适用与禁用场景、推荐参数域、默认Prompt模板、伦理与版权声明。上线后保留持续监测通道：收集真实业务中出现的问题样本，定期回归测试；对于发现的偏差，视级别进行快速权重回滚或紧急调整推荐参数域。每次迭代都以“版本—数据—评测—结论”的标准化条目记录，保证跨团队复用与跨时段复现。

对内蒙古民族服饰LoRA模型开展可用性测试，这是生成式AI工程里的“质量关卡”，也是文化技术融合方面的“底线关卡”。本节构建的一体化评测体系，覆盖数据与基线、指标与量表、XYZ网格与任务场景、失效诊断与修正回路、准入与监测等方面，以便把“能生成”转变为“能负责地生成”，把“可观赏”转变为“可应用”。在具体实施过程中，建议秉持三项共识：其一，将文化正确当作最高约束，技术指标仅用于筛查与参照，最终裁决权归专家量表；其二，用参数网格描绘可控边界，把经验性调参转化为可传承的“可用域地图”；其三，靠版本化与复现性保证可信，使每次改进可被追踪、被解释、被复现。顺着这条路径推进，LoRA会从“单点亮相”的技巧发展成“平台化积木”的能力，在内蒙古民族服饰“数字化—智能化—数智化”的连续体进程中，既能守住文化之根，又能生长时代之新。

3.4.3.5 基于Stable Diffusion的内蒙古民族服饰AI平台构建

内蒙古等地区的民族服饰有着丰富的文化内涵，每一款服装都蕴含着独特的历史以及生活方式。构建基于Stable Diffusion的民族服饰人工智能平台，主要目的是为公众用户和专业设计师这两个群体提供服务。对于公众用户而言，可依靠输入描述文字或者上传照片，一键生成穿着民族服饰的形象，实现“虚拟试穿”，并欣赏不同民族服装的美，切实拉近大众与传统文化的距离。而专业设计师则可借助平台开展创意设计辅助工作：迅速生成融合传统元素的新款式，获取灵感并加快设计迭代。该平台的定位是一个融合服饰生成、创意设计、图像修复以及文化传播的数字工具，推动传统服饰文化的活化与传播。

平台的核心架构

平台建立在开源的Stable Diffusion扩散模型之上，并针对民族服饰场景进行了功能扩展和优化。基础模型采用预训练的Checkpoint权重，可根据需要随时加载不同版本或风格的模型文件。以此为基础平台集成LoRA微调模块、Prompt文本引导、ControlNet辅助控制等子系统，实现对生成过程的精细掌控。

平台引入LoRA技术来实现高效的个性化模型微调。LoRA是在冻结Stable Diffusion原有权重的前提下，为模型添加少量可训练参数，实现对特定新风格的学习。LoRA模块能够快速捕捉民族服饰的特征细节，实现模型对新服饰风格的“迁移学习”，而且所需样本很少。

Prompt引导生成：平台提供自然语言提示词（Prompt）引导图像生成。用户输入关于服饰样式、图案细节、人物形象的描述文本，Stable Diffusion模型的交叉注意力机制会将这些文本信息融入图像合成过程，生成与描述相符的服饰图像。在提示词设计上，平台不仅支持正向提示，也支持反向提示来避免不良特征，并内置了一些常用的负面提示词模板以提高生成质量。

ControlNet辅助控制是用来解决单纯依赖文本提示难以精确指定构图和姿态的问题。ControlNet是一种在扩散模型中加入额外条件输入的神经网络结构，可利用辅助图像来引导生成。通过ControlNet，用户可以上传草图、人体姿态骨架图、服装轮廓线稿、参考边缘图等条件图像，模型会把这些作为约束，使生成结果在结构上紧贴输入。

平台应当支持云端计算、多端计算以及多GPU调度：平台运用本地与云端相结合的混合架构，以此高效利用计算资源，对于拥有高性能GPU的设计师用户，支持他们在本地安装轻量客户端或者使用WebUI本地模式，执行一些即时的模型推理操作，获得较低延迟的体验，而在云端部署高性能GPU集群，承担大规模模型训练以及并发推理服务。平台借助任务调度系统智能分配请求：当用户发起一般规模的生成请求时，可优先在本地GPU执行；当请求超出本地算力时，会将任务转发至云端。在云端，平台支持多GPU并行部署架构，能够提高吞吐量和稳定性。

用户体验

平台建设完善的用户管理系统以提供定制化服务并保障系统安全。用户系统主要包括账户注册与登录、用户权限分级、模型调用配额、历史记录与作品管理、在线反馈与社区互动等。

- 账户注册与登录：支持用户使用邮箱、手机号等注册账户，并通过密码或单点登录等方式验证身份。采用双重验证等机制保证账号安全。游客用户无须注册也可体验有限的功能（如浏览公开的服饰模型或生成示例)，但完整功能需登录后使用。

• 用户权限分级：根据用户类型和贡献度划分不同权限等级，包括游客、普通注册用户、认证设计师、管理员等。游客通常只能进行少量低分辨率的体验式生成，无权使用高级功能；注册用户享有基础的生成配额和个人历史库，可保存收藏作品；设计师用户则需通过实名认证或资质审核，获得更高配额以及专属功能（如私有模型训练、作品发布渠道等)；管理员拥有最高权限，可管理平台内容、审核模型和分配资源等。不同等级的用户在调用模型的并发数、生成尺寸、使用的模型种类上都有所限制，以保证计算资源的公平使用和付费服务的区分。

• 模型调用配额：平台采用配额制对每个用户的计算用量给予管理，每个用户每天或者每月可免费调用模型的次数或者时长是有一定限制的，如果超出了这个限制，那么就需要等待到第二天，或者凭借订阅的方式来获取更多的额度，这样的一种机制，一方面可防止出现滥用的情况，另一方面也有利于进行成本控制。就好比普通用户每天可免费生成一定数量的服饰图像，而设计师用户所拥有的上限则更高一些，如果需要额外使用的话，可以选择购买套餐或者获取管理授权，配额系统在后台与调度模块相互联动，会实时记录每一次任务的算力消耗情况，同时扣减用户的余额，并且可按照用户以及团队来生成统计报表。对于企业或者工作室用户而言，支持账单拆分等财务管理操作，这样方便团队在内部核算GPU的使用成本。

• 历史记录与作品管理：系统会为成功登录的用户妥善保存生成历史记录，其中涉及了每次输入的提示词、所选用的模型参数以及生成结果的缩略图等内容，这为用户日后进行查询以及开展二次创作提供了便利，用户可在个人中心浏览过往作品的列表，当点击某一条记录时，便可以再次查看高清大图，下载作品或者依据相同的参数重新进行生成。在历史记录当中，如Prompt文本、负面词、随机种子、LoRA组合等关键的元数据都会被完整保存下来，以此来保证创作过程可实现追溯复现，此项功能对于设计师而言有较高的实用价值，可当作创意笔记来积累灵感。平台还设有收藏功能，用户可以将自己满意的生成结果收藏归档，或者创建专题相册，比如“内蒙古民族服饰设计灵感集”。这些个人数据严格归属于用户个人所有，在存储时会与他人的数据相互隔离，管理员在没有特殊需求的情况下不得查看用户的私人作品，以此来保障用户的隐私。

• 在线反馈与社区互动：为推动平台实现更好的优化以及方便用户之间的交流，特意设置了反馈渠道和社区功能，用户在使用该平台期间可随时提交反馈，如报告生成方面存在的质量问题、关于新功能的建议或者文化准确性的偏差情况等。

用户个性化微调

面向专业设计师以及有特殊需求的资深用户，平台有用户个性化模型微调功能，此功能可让用户把自己所提供的少量图像样本运用到训练当中，生成归属于其个人账户的定制民族服饰模型，以此形成更为专属的创作风格。其流程与特点具体如下。

• 私有数据图像上传：用户可上传一些有代表性的图像当作微调样本，为了方便用户准备训练数据，平台集成了自动化的图像标注工具，该工具会针对用户上传的每一张图片进行标签提取以及描述生成，高质量的标注可以保证微调模型更加准确地学习用户期望的风格特征。

• 微量数据LoRA训练：该平台运用LoRA对Stable Diffusion模型开展小样本微调工作，一般只需要少于10张图片就能产生不错的效果。当用户发起训练任务后，系统会在云端GPU服务器上分配隔离的环境来执行模型微调操作，一方面借助高性能算力保障训练速度，另一方面借助隔离保证不同用户的训练任务彼此不干扰且数据不会泄露。在训练进程中，平台会实时记录训练日志并生成中间结果供预览，设计师可观察模型对样例的重现情况来决定是否追加训练步数。训练结束后，系统会得到用户专属的LoRA微调模型文件。

• 个性化模型管理：当每个用户完成训练的LoRA模型生成后，会自动与该用户的账户进行绑定，存储于平台的个人模型库中，用户可在界面里看到自己所拥有的私有模型列表，并且可以针对这些模型进行命名以及添加备注等操作，个人LoRA模型在默认情况下仅对该用户可见，其他用户没有权限调用。如果用户有共享的想法，可选择把某个LoRA模型发布到社区模型库，经过审核之后会成为公开的服饰风格模型以供他人使用。在进行生成操作时，登录的用户可以便捷地切换模型，除了公共的基础模型列表外，其私人定制的模型同样会出现在可供选择的项目中，生成界面支持一次性加载多个LoRA模型，可叠加不同风格的效果。另外，用户可以下载自己的LoRA模型文件，实现本地训练或进行备份保管。

前端交互界面

平台提供直观友好的前端交互界面，支持网页端使用并适配移动端浏览，方便用户随时随地进行创作。界面设计遵循“所见即所得”的理念，将复杂的模型配置选项以易懂的方式呈现，同时兼顾专业用户对参数调整的需求。主要功能界面包括以下内容。

• 文本提示输入：主页提供文本输入框，用户可以在其中键入Prompt描述想要生成的服饰形象。支持多语言提示词，针对中文用户界面内置常用服饰描述词汇的提示。在高级模式下，界面可拆分为“正向提示词”和“负向提示词”两栏，方便用户分别输入希望包含和排除的内容。

• 图像上传与修复：平台提供图像上传入口，支持用户将本地图片拖拽到界面用于多种用途。图生图（Image-to-Image）功能：用户上传一张人物照片或服装草图，配合提示词即可让模型参考原图结构生成新图。图像修复/编辑功能：对于用户上传的老旧民族服饰照片，平台提供划伤修复、上色、面部增强等选项，借助Stable Diffusion的局部填充（Inpainting）功能，用户可选中图像受损区域自动修补，也可通过描绘遮罩并输入描述来让模型填补缺失的服饰纹样。

• 参数调节与高级选项：在生成界面中，常见的参数都设有便于调节的控件，其中包含图像分辨率、迭代步数、采样算法以及CFG引导系数等。考虑到移动端屏幕较小，参数面板采用了折叠分类的设计方式，用户可以点开需要的部分，调节具体数值，以此来维持界面的简洁性。当处于使用ControlNet的情况时，界面会在上传图像之后显示相应的控制选项，比如选择控制类型、预处理器模型以及控制强度的权重滑杆。用户启用ControlNet后，可实时预览处理后的辅助图，确认效果。另外还有插件选项卡，其中有面部/手部修复开关、背景抠图、Upscaler超分辨率放大等附加功能模块，这些选项默认采用合理的自动配置，不过高级用户可手动指定模型。所有设置调整完成后，用户点击“生成”按钮便会开始图像生成任务，界面会实时显示进度条或者帧预览，生成完毕后则会在预览区域展示成品图像。

• 结果展示与保存分享：每次生成的图像都会于前端以缩略图的形式呈现，用户点击该缩略图即可放大查看细节，针对一次提交所产生的多张图像，界面会以图库形式采用网格展示方式，如此一来便可方便用户挑选出令自己满意的结果，被选中的图像可依靠一键操作下载至本地，或者保存到用户的在线作品集中。另外平台还支持将生成结果分享至社交媒体：当用户点击分享按钮时，可将图片以及提示词一同生成链接或者海报，发布到朋友圈、微博等地方，以此宣传传统服饰之美。用户拥有模型切换的便捷入口，可在界面上迅速切换基础生成模型或者应用不同的微调模型再次进行生成，以此对比不同模型的风格效果。

数据存储与模型管理

面向多人使用的生成式AI平台需要完善的数据与模型的管理机制，以保障海量资源的有序存放和快速调取。对此，平台从模型文件管理、图像数据管理、用户偏好及推荐三个方面进行了设计。

• 模型文件管理：平台的后台负责维护模型库，用于存放各种各样的模型文件，这些文件覆盖了基础Checkpoint模型、LoRA微调模型、ControlNet模型、VAE文件以及其他一些可能的模型组件，模型库运用分层目录或者数据库索引的方式来管理元数据，每一个模型记录都包含了名称、版本号、适用范围、文件哈希、大小以及上传者/来源等信息。

基础模型是由管理员提前进行部署的，普通用户仅可读取并使用，LoRA模型依据其属性被划分为公共LoRA以及私人LoRA，其中公共LoRA是由官方或者社区所提供的，适用于某类服饰风格，而私人LoRA是特定用户训练出来的定制模型，公共LoRA会经过审核筛选之后添加到模型库的公共区域，以供所有用户根据自身需求进行加载，私人LoRA则归属于用户个人，只有该用户登录之后才可以看见。ControlNet等辅助模型同样是集中存储的，并且在前端可供用户选择。

为提高大模型加载和分发的效率，平台引入了模型文件浏览/同步服务：一方面通过文件服务器或对象存储实现模型的集中托管，并利用CDN加速用户下载；另一方面集成类似filebrowser的工具，方便管理员在云端直接上传新模型、删除过期模型。此外，平台提供模型市场/模型广场功能，让官方和社区开发者发布优质的民族服饰相关模型，用户可一键添加到自己的模型库中使用。

• 图像数据管理：在数据存储这一方面，该平台专门设置了图像库以及相关数据库，用于管理所有用户的输入数据、输出数据以及中间过程数据，其中输入数据主要覆盖用户上传的各类图像，如照片、草图等，以及用户在编辑过程中绘制的蒙版等内容，这些数据在服务器端会依据会话以及用户ID来进行归档存储，在生成图像的时候可方便调用，同时也会记录在日志当中。上传的图像一般会与用户账户进行绑定，不过出于隐私方面的考量，默认情况下不会对其他用户显示可见。输出数据就是模型生成的图像结果，平台会为每张输出的图分配一个唯一的ID，并且存储该文件，还会在数据库里记录其元数据，包括生成所用的模型、Prompt、参数、时间、所属用户等信息。如此一来，用户的每一张作品都可被检索到，并且可以进行追踪。

系统可定期清理未登录游客的临时输出，以此达到节省存储空间的目的。中间数据包含在生成过程里产生的如ControlNet预处理图、超分辨率放大前的原图、各步骤的latent图等内容，这些一般会临时保存起来，用于实时预览或者故障诊断，在任务完成之后，可以依据需求选择丢弃或者存档。平台提供PNG元数据嵌入功能，让高级用户可以了解模型生成过程。把Prompt和参数写入输出图像的元数据字段，用户在下载图片之后，依旧可凭借工具读取当时的设置。图像数据管理还涉及对用户空间配额的控制，避免单个用户进行无限量的存储，为普通用户的云端图库容量设置一定的限制，鼓励用户及时清理不需要的数据。管理员可制定存储策略，比如定期将长期未访问的图像归档到冷存储，以此平衡性能与成本。

• 用户偏好保存：平台着重记录以及学习用户的使用习惯，以此来给予个性化体验，每一个注册用户的账户中都会存有一些偏好设定，像是默认生成的分辨率、常用的模型组合、喜欢的风格标签等，系统依靠分析用户的行为自动完善其兴趣画像，凭借对用户数据的分析，可精准了解用户对服饰风格的偏好，以提高使用满意度。

• 收藏与推荐机制：用户可把自己喜爱的作品以及模型添加到收藏夹里，平台会对全站的数据加以综合考量，给出一定的推荐，平台的推荐系统会参照整体用户行为数据以及个人偏好，为用户推荐模型与创意，借助推荐机制，新加入平台的模型可迅速接触到潜在感兴趣的用户，以此推动模型的流通使用以及文化元素的传播。在推荐与数据挖掘过程中，平台重视用户隐私保护，所有用于训练推荐模型的行为数据都是经过匿名聚合处理的，不会泄露个人敏感信息，数据和模型管理的完善让平台可以一方面高效地存储和检索各类资源，另一方面凭借智能分析为用户提供贴心服务，最终营造出一个丰富且便利的民族服饰智能设计环境。

系统安全性与可拓展性

面向公众的AI创作平台系统，其安全状况以及未来的拓展能力有非常关键的意义，在对该平台进行设计时，会采取多个层次的措施来保障身份安全、调用安全以及数据安全，同时还会构建良好的可扩展机制，以便适应未来更多元的文化内容接入需求。

• 身份验证与权限控制：平台应运用严格的身份认证机制，防范恶意注册以及滥用情况的发生。在注册环节，可以引入短信验证码验证或者邮箱验证码验证的方式，而对于关键操作，则需要进行二次验证，杜绝批量机器账号的出现。对于高级权限设计师以及管理员的开通，需要人工审核其资质，保证相关用户真实且可靠。在权限控制方面，系统会依据用户角色动态调整可访问的功能模块以及资源配额。

• 模型调用安全：面对模型调用期间出现的潜在风险，平台应从内容安全以及频率控制这两个方面着手采取措施。先来说说内容安全方面：鉴于AI生成的内容存在被不当利用产生违法或者不良内容的可能性，平台在提示词解析以及结果监测环节纳入了过滤策略，就像内置了违禁词库，要是用户的Prompt里含有敏感、暴力等词汇，便会被拦截或者给予警告；生成的结果还会经过图像内容识别，针对明显不符合公序良俗的输出会进行自动删除或者打码处理。这对于民族服饰平台而言相当关键，可避免传统文化元素被应用于不尊重的场景，维护文化尊严。再讲讲频率控制方面：即便存在配额限制，平台依旧设定了瞬时并发的上限，防止恶意用户借助大量并发请求企图压垮服务，一旦检测到异常高频调用，系统会对该用户的请求进行排队或者直接拒绝，同时通知管理员进行审查。借助上述这些手段，平台将全力保障模型服务在安全可控的范围内运行。

• 用户数据隔离：平台应高度注重不同用户间的数据隔离以及隐私

保护工作，各个用户的上传素材、生成结果、微调模型等相关数据均与账户绑定存储，并借助访问控制列表对权限给予严格限制。在多用户共同使用同一物理GPU资源的情形下，平台运用容器或者虚拟化技术将不同用户的运行环境分隔开来，每个用户的临时缓存、模型加载、副本权重都处于各自的沙盒之中，不会出现数据混用的状况。对于公开分享的内容，平台会提供授权协议选项，发布者可选择许可方式，一旦用户撤回共享，系统会立刻停止对该内容的继续分发。借助严谨的数据隔离策略，平台营造出令人信赖的使用环境，使得用户可安心地在云端开展作品创作以及模型训练，而无须担心商业机密或者个人隐私泄露的问题。

• 模型版本迭代机制：平台应构建模型版本管理以及迭代更新机制，其目的在于保证平台持续运用最新且优质的模型技术，同时实现旧有模型与用户习惯的平稳过渡。基础的Stable Diffusion模型和各民族服饰专项模型均会标注版本号，每当有新版本上线，平台会率先在测试环境中对其兼容性展开验证。管理员可将新旧模型并行部署一段时期，新模型供有尝鲜想法的用户选用，旧模型依旧作为默认选项以保障服务稳定，等到新版本成熟并获得用户认可以后，再逐渐切换为默认模型。针对依赖旧模型的LoRA微调模型，平台提供版本适配工具：倘若基础模型升级幅度较大，可尝试借助额外训练或者转换脚本把旧LoRA迁移适配至新基础模型上，以此减少用户重复训练的工作量。平台的版本管理数据库记录了每个模型的更新日志以及变更说明，关键升级时会在用户界面给予通知说明，指导用户使用新功能。

• 文化扩展性：平台在设计开始的时候就应当考虑到未来可扩展到更多文化以及素材的能力，构建开放的拓展框架。虽说当下重点训练和收集的是内蒙古等少数民族的服饰模型，不过平台的模型微调管线以及数据架构对于其他少数民族服饰或者更广泛的非遗纹样、文博素材同样是适用的。

Stable Diffusion民族服饰AI平台在技术以及应用这两个层面都开展了系统的规划与实现工作。在技术层面，平台运用生成式人工智能前沿技术，为传统民族服饰文化的保护和创新提供帮助，使其拥有数字化工具，它可迅速提取并学习文化元素的关键内容，以较高效率生成大量设计方案，为传统服饰融入现代设计开辟全新路径；借助图像修复和虚拟换装等功能，许多快要被遗忘的服饰记忆得以被唤醒，并向公众生动展示，实现文化保护与传播。在应用层面，该平台作为创意工具，其价值体现在数字创意产业以及民族设计教育方面，服装设计师可将其当作智能设计助手，在短时间内生成灵感图稿，有效提高设计效率，推动民族元素在时尚产业中的应用。

在教育领域，可把平台引入相关课程，让学生在与AI互动的过程中学习少数民族服饰的美学和工艺，将传统文化融入创新实践，凭借产学研融合，如高校与企业合作共建实习项目，开设智能设计与民族文化交叉课程等，平台能培养出既了解民族文化又掌握AI技术的复合型人才，为非遗传承增添新生力量。

在可持续发展领域，平台所采取的路径是技术与文化协同推进、社区与生态共同构建，持续不断的技术升级以及内容扩充可使平台保持活力。随着更强大的模型相继出现，如更高级别的扩散模型、跨模态生成技术等，平台会及时引入并对新版本的民族服饰模型展开训练，持续提升生成效果的逼真程度，逐步囊括更多的民族服饰以及非遗素材，使得内容库日益丰富。在此进程中，开放合作起着关键作用。平台可与文化机构、博物馆展开合作以获取高质量资料，与非遗代表性传承人合作来确认设计细节在文化方面的正确性，保证生成内容既有新颖性又尊重传统。平台借助社区运营以及商业模式探索来谋求自我造血的能力：一方面凝聚设计师和爱好者社群，鼓励用户生成并分享优秀作品，形成以传统服饰为主题的UGC（用户生成内容）生态，提高公众关注度；另一方面可提供高级订阅服务或者与文创企业合作开发衍生产品，将AI设计的服饰图案应用于实体服装或者NFT数字藏品，以此获得资金来反哺平台运营。在政府和社会层面，如果能把该平台纳入数字文化工程或者非遗保护计划，那么其发展会更有保障。

民族服饰智能平台充分呈现了人工智能为文化遗产赋能的价值：它让古老的民族服饰以数字形式焕发生机，被更多年轻一代认识和喜爱，同时为设计领域带来全新的创作模式，激发无尽的跨文化创意的可能性。随着技术的进步以及应用的深入，该平台有望成为连接传统与未来的桥梁，在保护中实现创新，在创新中进行传承，走出一条民族文化可持续发展的数字化道路。

第 4 章

人工智能驱动民族服饰的创新设计应用与文化发展

4.1
人工智能驱动民族服饰创新设计

年轻人的文化消费观对民族服饰业的影响

当下，青年已然成为消费的主要力量，他们所秉持的文化消费观念正切实地对民族服饰的创新走向产生着深刻的影响。基于文化认同的需求，年轻人变得日益倾向于选择带有民族符号的时尚单品。有调查表明，如果产品融入传统元素，那么将近八成的青年消费者的购买意愿会有所提高，他们乐意为有文化内涵的国潮产品支付费用。内蒙古民族服饰所蕴含的游牧文化以及美学符号，要是巧妙地融入现代设计之中，便可契合青年对于身份认同以及文化共鸣的追求。随着个性表达的倾向日益流行，年轻人更注重凭借穿着来呈现自身的独特品位，他们偏好那种“小众且独具特色”的设计，而非千篇一律的大众款式，这已然成为当下的审美潮流，他们愿意为高品质、富有设计感的民族风格潮品付费。这也就意味着，内蒙古民族服饰的创新需要提供丰富多样的款式选择以及定制的可能性，以此来契合不同个性的表达需求。功能的多元性以及实用性同样不容忽视，现代青年十分看重服装的舒适度以及功能性，比如服饰材质的科技含量、场合适配性等方面。传统蒙古袍尽管华美，然而要是在保暖、防风等实用功能方面与现代技术相结合，如采用轻质保暖材料、便捷穿脱设计等，便会更容易被年轻消费者所接受。虚拟社交以及数字生活的兴起，让青年一代对于服饰有了线上线下融合的需求，他们不仅在现实生活中穿着民族元素，也期望在虚拟形象中展示文化符号，比如在社交媒体头像、游戏角色皮肤中使用有民族风格的装扮。这种趋势促使民族服饰设计可以以数字化的形式呈现，适应虚拟时尚环境。

在具体的审美偏好方面，当代青年呈现出了对于“混搭、简约、未来感以及材质新颖性”的喜爱之情，他们热衷于把传统元素和现代潮流进行混搭，以此创造出那种有着文化底蕴又充满时尚新潮感的造型，例如把蒙古族刺绣图案点缀在牛仔服饰上，形成独特的碰撞美感。“less is more”这种观念使得简约干练的改良民族服饰更容易被接受，也就是简化那些繁复的装饰以及廓形，突出其中几处经典元素，反倒能提升时尚程度。对于未来感的追求，具体表现为对科幻风格、赛博朋克风格服饰有着浓厚兴趣，这给设计师带来启示，可尝试将蒙古族纹样和未来主义设计语言相互融合，创造出极具科技感的民族时尚。在材质方面，年轻消费者愿意去尝试新型材料以及工艺，像是有特殊质感的面料、可发光的LED服饰、有可持续性的环保纤维等。这些对于“混搭、简约、未来感、材质创新”的偏好，促使内蒙古民族服饰的设计在保留传统精髓的基础上大胆创新，运用当代设计语汇去契合青年的审美需求。

AI支持下的民族服饰设计创新

人工智能的参与为民族服饰的设计提供了全新的模式，依靠AI设计师可有效地把蒙古族传统元素和未来符号结合起来，探寻到以往未曾有过的创意方向。以前设计有创意的图像需要依靠凭空想象手绘，而借助Stable Diffusion模型，只要输入相应的文字描述就能自动生成。Stable Diffusion作为一款开源的AI图像生成引擎，凭借其高度可控以及生态完善的优点，为服装设计提供了有力的技术支持，设计师只要有一台计算机就可以调用训练好的模型，把脑海中的设计概念快速转化为视觉草图甚至良好的视觉效果。有从业者表示，掌握AI工具的设计师如同拥有数倍于自身的大脑和超级助手，可迅速且精准地完成设计任务，达到降本增效的效果。在内蒙古民族服饰设计中引入AI，可极大地提升设计迭代速度与方案多样性，使传统元素经过机器的“头脑风暴”激发出更多灵感火花。

设计师可依据内蒙古民族服饰的经典元素，如图案纹样、传统廓形等，对AI模型展开训练或者进行微调，让其“掌握”蒙古族服饰的风格特点。把自主训练的LoRA模型加载至Stable Diffusion中，该模型便拥有了生成内蒙古民族服饰元素的能力，基于此，当输入融合当代流行语汇的提示词时，AI便可生成融合了“传统元素+未来符号”的设计草图。举例来说，提示词可以设定成“带有未来感盔甲结构的蒙古族刺绣图案机能风外套”，AI会依据这个提示词输出有蒙古族纹样同时又有未来质感的新颖服装效果图，依靠不断地调整提示词以及模型参数，设计师可获取一系列的迭代图像，从这些图像里筛选出有潜力的设计方向。在这个过程中，AI充当了创意合作者的角色，极大地拓宽了设计的探索范围。AI与传统元素的协同合作可丰富民族服饰的独特之处，实现传统工艺与现代技术的融会贯通。对于内蒙古民族服饰而言，AI可生成多样的纹样组合、创新的廓形变化以及新奇的配色方案，使设计师在较短的时间内获得以往需要人工试错才可积累起来的大量方案，并且从中挖掘出兼具民族韵味与时代感的创新设计样本。

AIGC语境下内蒙古民族服饰款式特征与风格保持的理论与方法

当下，我们需给予关注的是，从“可视再现”朝着“文化正确”的数字复刻转变，内蒙古民族服饰有着区域特征较大的结构与工艺，像28个部落的袍型，其襟向、袍幅、摆长、领袖比例、材料、镶边纹样、银饰系统以及佩戴位序都不一样，并且在不同部落呈现出典型的地域—族源差异。传统的“运用AI复刻民族服饰”，不只是外形相像，更在于工艺逻辑与文化语境可同构，“做旧如旧、复刻如实”。人工智能能够驱动内蒙古民族服饰数字再造，所谓“做旧如旧”，也可以是在尊重历史媒介与年代痕迹的基础上，对影像或图像进行物理上可信的老化复现，以此达成“像当年那样旧，而非随意变旧”。

以Stable Diffusion为典型代表的AIGC给民族服饰的数字化创作以及再现提供了全新的范式，然而对于内蒙古民族服饰来讲，“好看”并不等同于“正确”，其“正确性”不仅涉及形制、工艺、礼制这三个关键要素的协同配合，还包含地域分支之间的差异化表达。目前，AIGC面临的核心挑战是：在开放的大模型语义空间里锁定内蒙古民族服饰的款式特征，并且在多轮生成与编辑过程中维持风格一致。本章将从学术角度系统阐释内蒙古民族服饰的款式—风格结构，并且提出针对AIGC的数据、模型与评测一体化方法，以此保证“文化正确性”与“视觉可用性”兼得。

以Stable Diffusion作为核心的数智化复刻方案，它以标准化数据结构以及双轨训练策略（Checkpoint全局训练+LoRA局部微调）作为基础支撑，还借助ControlNet的结构控制、VAE的色彩和细节保真，以及“做旧风貌LoRA/流程”的层级化注入，在参数可控以及评测可复现的闭环环境里，保证数据的准确性以及部落特征可被辨识出来，把民族服饰的可视再现提升为文化正确的数字复刻，这些是当前大模型平台很难做到的。我们围绕“以蒙古族图像作为核心语料，自主训练民族服饰模型”的实践来开展工作，采用Stable Diffusion作为生成框架，结合小参数微调以及少样本高质量数据的策略，构建一条成本可控制、文化可校正的

AIGC设计管线，在完整的“数据—模型—生成—评估—迭代”闭环过程中，模型可凭借极少的参数开销以及有限的样本，生成在袍型结构、帽饰系统、镶边纹样、腰带与靴型等关键元素上更加贴近蒙古族特征的图像。与面向通用场景的大模型相比，该方案在数据需求、可控性、成本、可部署性以及文化正确性等方面都有明显优势。

内蒙古民族服饰款式特征的结构分析

蒙古族有多个部落，各个部落的形制结构存在差异，不过大致的基本特征有相似之处。内蒙古民族服饰以袍型作为核心母体，有“立领、斜襟、直身长袍、下摆宽展”这样的基本轮廓，并且与骑乘的生活方式相适应，在结构方面可分解为：领形，立领或者高立领较为常见，在礼仪装中多见加高或者加硬的处理；襟向，斜襟是一般的样式，也有对襟或者变体，纽襻的位置决定视觉节律；肩袖，肩线较为平直，袖管比较宽，有利于骑乘以及保暖；袍幅与摆，袍幅适中且偏宽，下摆呈圆展状，部分礼服在摆沿有加阔幅镶边；腰封/腰带，是出于功能的考虑，也是身份符号。

在材质与工艺方面内蒙古民族服饰的主要特征呈现如下：材质会依据季节以及用途产生变化，冬令时节大多使用呢、毡、皮毛等材料，暖季或者在礼仪场合则多采用丝、绸、锦等材质；工艺层面包含刺绣、盘金、嵌珠、贴边等多种复合技法，缎边、锦边沿着衣领、衣襟、袖口以及下摆形成一种“框架化”的视觉效果；金银器在头饰与腰饰当中占据着关键的地位，其反光特性与重量感是审美方面的关键所在。在配饰系统方面，具体可分为以下几类：头饰，女性头饰体系与婚礼礼服有着较强的关联性，其形制会随着部落以及年龄、婚姻身份的不同而存在较大差异；腰饰，火镰、刀具、香囊、荷包等物品具有功能价值的同时也有审美价值；靴履，骑乘靴形可强化整体的动势以及实用性。在色彩与纹样方面可以进行区分：色彩，礼制色与季节色存在着一定的谱系关系；纹样，有几何图案、云气或火焰图案、动植物图案以及吉祥符纹。“纹样—部位—礼制”三元关系中，纹样仅涉及“有无”的问题，更存在“放在哪、为谁用、何时用”等规约。需要留意部落差异与场景语境，在科尔沁、鄂尔多斯、察哈尔等部落之间，领口高度、镶边宽窄、主色倾向、头饰构件等均可构成识别特征，这种“地域—礼制—物质”的纵横坐标，是AIGC需要“学会并守住”的风格边界。

AIGC风格保持的主要挑战

内蒙古民族服饰呈现出多样性的特点，然而相关数据较为稀少，在此需要关注以下几方面内容：数据稀缺与语义偏移方面，公开大模型用于内蒙古民族服饰的训练样本数量有限，容易出现跨文化“串味”的情况，比如会错误移植其他民族或部落领袖的特征、袖型等；在细节消隐与部位错位方面，纹样在扩散过程中容易发生“漂移”现象，镶边的位置以及宽度不稳定，同时头饰或者腰饰会出现部位误配的问题；色彩—身份错配方面，固定阶层使用的色彩在“审美提高”的情形下被无意识地强化或者替换，这违背了身份以及仪式的规约；系列一致性难题方面，在进行多张或者多场景生成时，款式与配饰系统很难跨图维持稳定状态，这对画册以及产品线的应用产生影响；在文本歧义与编码偏差方面，多语标签存在不一致的情况，术语不规范导致编码出现误解，会把“镶边”误解为“花边”。

面向风格保持的数据与标注范式

在着手构建内蒙古民族服饰风格模型以前，需留意多层标签（multi-layer annotation）的运用情况，建议构建层级化标注体系。例如，可分类分层来做：语境层，包含部落、时期、用途或者礼制、季节、性别以及身份等；结构层级，有领、襟、袖、袍幅、摆、腰封或者腰带、靴；工艺层级，囊括材质、刺绣、盘金、嵌珠、缎边宽度；纹样层级，为类型加上部位坐标或者掩膜；配饰层级，指头饰或者腰饰以及位序；负面语义层级，即不可搭配清单，比如某纹样禁止用于特定礼制。

采用多类型、多语义部位标注加上中英双语，形成“结构—纹样—位置—语境”的可计算图谱。在均衡抽样与正则对照方面，为防止模型“偏爱”单一部落或者高饱和审美，按照部落、用途、季节来进行分层均衡，引入对照负样本，即相近但缺少目标纹样或者部位的样本，促使模型学会“区分边界”。

在色彩管理与材质校准方面，采集端要进行灰卡或者色卡校正，保存高比特原始图，在训练前统一色域并记录Lab以及HSV统计，对金属与丝绸材质建立反射或者高光参考库，为后续评测提供物理参照。

模型与控制：把“款式—风格”拆分成可控叠加模块

在构建内蒙古民族服饰风格模型上，要建立基座与LoRA的“分工与解耦”。Checkpoint（SDXL/高分辨率），学习整体形制与场景语义，冻结文本编码器/VAE，优先训练U-Net。LoRA（低秩适配），按“部落—部件—纹样/工艺—色彩”拆分成多个可插拔模块，如结构LoRA（款式、靴型、头饰框架）、纹样LoRA（祥云、火焰、几何等，绑定部位掩膜先验）、材质LoRA（丝、呢、皮、毛）、色彩LoRA（礼制、季节配色，仅低权点缀）等。一次仅强推或适配1 ~ 2个核心LoRA，其余低权重叠加，减少“互相抢权”。同时结合ControlNet的结构锚定，让生成效果更加稳定。

提示词（Prompt）可以用来进行分层叙事。

情境/用途：yurt ceremony，steppe outdoor，winter riding，festival。

身份/性别/年龄：adult male，bridegroom，hunter。

服饰结构：Mongolian deel，right-lapped collar，embroidered cuffs。

工艺与符号：cloud-pattern trims，silver ornaments，leather riding boots。

镜头/光线/风格：full-body，studio lighting，photorealistic。

触发词与LoRA调用：<lora：khorchin_headdress：0.8> <lora：cloud_trim：0.7>。

负向模板（防跨文化与低质）：no hanfu collar，no kimono sleeve，no modern suit lapel，lowres，artifacts，plastic texture。

ControlNet进行结构兜底：OpenPose固定站姿/舞姿/骑乘姿势；Lineart/Canny沿草图/轮廓生成；Depth稳住体块与褶皱体积感；权重为0.5 ~ 0.8；过高僵硬、过低跑偏，按任务微调。

推理生成与后处理方面：Sampler为DPM++ SDE / 2M Karras；Steps为28 ~ 40；CFG为6 ~ 9；VAE与SDXL匹配版本；ADetailer / Upscaler，人像近景与放大精修。

借助“可控生成”达成“文化共译”，内蒙古民族服饰的“款式特征”可被视作一套严谨的设计文法，AIGC的任务并非随意施展，而是要在大模型的表达自由以及民族文化的规范约束二者之间寻觅到平衡，经由层级化标注、模块化LoRA、结构化ControlNet、规范化Prompt、量化/质化双评的体系，将“风格保持”转变为有可操作性、可复现性、可审计性的工程流程。在结构层面，利用ControlNet确定形制，避免出现“走样”的情况；在符号层面，依靠部落/部件LoRA精确注入，降低“串味”的可能性；在色彩与礼制层面，依靠指标与禁搭清单守住“身份边界”；在系列层面，凭借参数配方与种子管理保障跨图一致。如此一来，AIGC可生成“合乎其理、各守其分”的内蒙古民族服饰图像，使得传统样式在数字时代得以严格且鲜活地再现并创新延展。

以蒙古族图像作为核心语料，借助自主训练得到的民族服饰模型，在LoRA小参数微调以及SDXL基座这样的技术路线下，呈现出数据效率较高、参数开销较小、文化可控性较强、成本与部署较为友好的综合优势，搭配ControlNet的结构约束以及VAE的色材修正，该模型可在领襟比例、帽饰系统、镶边纹样、腰带与靴型等关键维度上生成更加贴合蒙古族特征的成果（图4-1），并且在文生图、图生图、局部修复或替换等任务中实现稳定且可复现的效果。相较于依赖通用大模型的那种“黑盒式”调用方式，本方案使得民族服饰的设计语言被转化为可操作的模型参数以及流程规范，达成了“文化正确—设计可控—工程可复现”的统一，针对内蒙古民族服饰的数字化、智能化与数智化，提供了一条低成本、可扩展、可落地的AIGC路径，即以小参数作为杠杆，以文化知识作为约束，以平台化为载体，推动传统审美在现代设计生态中的可持续创新。

图4-1
通过AIGC生成的内蒙古民族服饰

4.2 人工智能赋能民族服饰创新设计

4.2.1 技术方法

Stable Diffusion及其生成流程

Stable Diffusion是开源的文本生成图像模型，也就是text-to-image，它属于扩散模型家族，它的基本原理是在潜在空间里对图像逐步进行“去噪”来生成图像。模型从随机噪声图像出发，借助一系列迭代推理逐步去除噪声，将模糊的噪声转变为清晰的目标图像。这是由扩散模型的去噪网络来完成的，该网络一般是U-Net架构，同时配合一个能把文本转换为语义向量的CLIP文本编码器来指导图像内容。简单来说，Stable Diffusion可根据用户给出的自然语言描述，持续细化图像细节，直到生成和描述相符合的逼真图像。因为生成过程涉及对高维图像数据反复进行采样计算，Stable Diffusion引入了VAE模块（变分自编码器）来提高效率。在训练的时候先用VAE的编码器把原始图像压缩成低维的潜在表示，接着在这个低维空间里执行扩散去噪，最后借助VAE解码器把潜在特征还原成像素图像。VAE的引入大幅降低了计算开销，并且保留了图像的主要特征，这让Stable Diffusion既能生成高分辨率、高质量的图像，又可在个人电脑上运行。Stable Diffusion自从开源以来，已经在包含海量图像—文本对的开放数据集上进行了训练，比如LAION-5B，并且在全球引发了大量二次开发和应用，成为AIGC图像创作领域的基础引擎之一。

LoRA模型微调方法

像Stable Diffusion这类大型生成模型，其参数数量极为庞大，若直接在小型数据集上进行全面微调，不仅耗费大量时间，还存在过拟合的风险。LoRA即低秩自适应，是一种高效的模型微调技术，可以让大模型以较小的代价学习到新的风格或者概念。LoRA的具体方法为冻结预训练模型的大部分权重，使其保持不变，仅在模型的每一层插入少量可训练的低秩参数矩阵，以此针对特定任务或风格进行细微的调整。这种低秩适配层的参数量远远少于原模型，在训练时无须计算和更新全部权重的梯度，可大幅减少所需的算力以及显存占用。借助LoRA，开发者只需提供少量相关图像（一般几十张即可），再加上相应的风格描述，在短短几小时内就能让Stable Diffusion定向生成有特定风格特征的图像，而无须花费数十万美元去重新训练整个模型。LoRA微调模型文件本身的体积很小，一般在几兆字节至几百兆字节之间，可作为附加模块，在需要的时候加载到基础模型中，实现即插即用，方便进行分发和组合使用。举例来说，我们可以收集一批蒙古族传统服饰的图像，依靠LoRA对Stable Diffusion进行微调，使其可快速学习这些服饰的形制特征以及纹样风格。相关研究显示，采用LoRA训练的民族服饰风格模型可将民族服饰中的标志性元素“迁移”到任意生成的图像中，灵活输出包含该民族服饰特色的创意图像。LoRA为AIGC在细分文化领域的应用提供了高效且可行的途径。

ControlNet条件控制网络

在传统的文本生成图像过程中，用户一般难以对生成结果的精细结构实现完全把控，ControlNet的出现恰好能够解决这一难题。ControlNet是一种附加于扩散模型之上的条件控制网络，它通过引入额外的结构化信息来引导生成过程，以此实现对图像构图、姿态以及细节形状的精准控制。其原理是在维持原有扩散模型权重不变的状况下，新建一个平行网络，把用户提供的如草图、人体关键点、深度图、分割mask等条件与扩散模型的中间层特征相互结合，保证生成的图像符合给定的结构约束。借助ControlNet，设计师可在起始阶段就对图像的大致构图进行“规定”：比如提供一张人物轮廓线稿或者姿势骨架，Stable Diffusion就会在遵循该构型的基础上填充服饰纹样和细节，生成既契合文本描述又符合指定姿态的图像。这种方式极大地减少了以往要反复调整提示词来尝试构图的繁杂步骤，对于民族服饰设计而言，ControlNet非常适用。设计师可以先画出服装的大体轮廓或者纹样布局草图，然后让AI依据草图和文字说明进行细节创作，这样既保证了传统服饰应有的结构比例，又能借助AI丰富图案细节和色彩搭配。例如，利用ControlNet提供蒙古袍服装的典型廓形线条，Stable Diffusion可在此框架上自由生成不同纹样和配色的蒙古袍设计图，极大地提高了设计效率和可控性。ControlNet使AIGC图像生成从“只能依赖AI的随机发挥”转变为“人机共同构建图像”，在服饰图案生成、角色形象设计等需要精细控制的场景中起到了关键作用。

VAE与潜在空间编码

VAE是Stable Diffusion架构里极为关键的一部分，在图像与潜在表示之间起着“翻译”的作用。在Stable Diffusion中，VAE的编码器会把输入图像转变为低维的潜在向量特征，这些潜在特征随后被当作扩散模型U-Net的输入来逐步去除噪声，扩散过程结束后，VAE的解码器再把生成的低维潜在特征还原成清晰的像素级图像。借助VAE的编码和解码，Stable Diffusion实现了对图像信息的压缩表示以及重建，这一机制带来两方面益处：一方面是降维加速，将高维图像压缩到潜在空间后再处理，能大幅减少计算量，让复杂的扩散模型可以在消费级GPU上运行；另一方面是保真重建，VAE在训练时学到了图像数据的分布特征，可在重建时尽量还原图像细节，保证最终输出的清晰度和真实性。VAE的质量直接影响生成图像的细节表现和颜色准确性，常有研究者针对Stable Diffusion训练优化不同的VAE模型，来提升生成图像的视觉效果，VAE作为潜在空间的“压缩—解压”模块，保证了Stable Diffusion既能“看到全局”，又能“抓住细节”，是连接AI创意与现实图像的关键桥梁。

依靠上述技术组件共同发挥作用，AIGC可在民族服饰创意设计中充分呈现其能力：Stable Diffusion提供强大的图像生成引擎，LoRA微调使其迅速掌握民族服饰独特的风格，ControlNet保障了生成图的结构严谨且构图多样，而VAE则保证了图像生成的效率与质量。在深入领会这些技术方法的基础上，可探寻其在民族服饰产业中的具体应用方式。

4.2.2 Stable Diffusion应用步骤

提示词（Prompt）工程

要用通俗且精确的语言去描述期望达成的服装效果。在这一步中，需要把蒙古族传统元素以及现代风格关键词融合进描述里面，以此来引导AI生成契合设想的图像。举例来说，可以构造这样的提示词：有一位身着蒙古族刺绣长袍的女性数字人，其服装采用的是未来科幻廓形，材质带有金属光泽，背景是草原夜空。

在实际案例里，运用了包含“futuristic mongolian nomad”等多种要素的复杂提示词，将朋克、哥特配饰、技术服装等词汇融合在一起之后，得到了风格高度混搭的时尚形象。精心设计提示词既可提升生成图像的多样性与新颖度，还可使用负面提示词来排除那些不希望出现的元素，以保证输出图像的风格可聚焦于设计目标。

模型以及LoRA加载

在生成过程当中，可以加载预先训练或者微调过的内蒙古民族服饰风格LoRA模型，以此来提高AI对于蒙古族元素的呈现能力。比如，借助输入指令把定制的蒙古族纹样LoRA以权重0.8注入模型里，让生成的图像带有特定的民族图案风格。这样的专用模型可保证输出图像的纹样以及色彩更加接近真实的内蒙古民族服饰特点，防止出现AI对细节把握不准确的问题。

材质以及细节设定方面，要突出服装的材质质感，需在提示词或者附加设置里明确材质类型与细节效果。比如，在提示词中添加“绸缎质地”或者“刺绣纹理清晰可见”等描述，以便让AI在生成图像时着重呈现这些特征，Stable Diffusion可凭借调整采样方法、图像分辨率等参数来对细节呈现产生影响。部分工作流程会选择分两步生成，先是由AI输出线稿或者轮廓图，之后再针对线稿图由AI上色渲染材质，这种方法可保证廓形确定后再细化材质，提升图像的真实感，例如在实践当中凭借Midjourney生成服装线稿，接着使用Stable Diffusion渲染出真丝、皮革等质地效果。不管采用哪种方式，材质设定最关键的是充分运用AI对细节纹理的刻画能力，让数字服装看上去有触感与质地的说服力。

ControlNet保留结构

为防止AI在创作时改变服装的基本结构和姿态，可借助ControlNet这类辅助工具来锁定特定的形态特征。例如，要想保持蒙古袍经典的宽大长袍廓形，可先绘制或者获取一张符合该廓形的人物轮廓图或者款式正确的参考图，接着把它当作ControlNet的参考输入，启用OpenPose模块，AI会依照参考图的人体姿势骨架来生成图像，以此保证服装轮廓不变样；也可使用Canny边缘检测等预处理，让AI依照服装的大致边线轮廓进行绘制。ControlNet还可结合法线图来传达三维形体信息，使AI明白衣褶和体态，更合理地绘制服装贴合身体的效果。比如把一张角色穿蒙古袍的草图输入ControlNet，并降低法线图的控制强度以保留宽松的衣型，最终AI成功绘制出既保持蒙古袍轮廓又细节丰富的形象。依靠这些方法，设计师可在AI自由创作与严格约束之间找到平衡：既让AI发挥想象生成各种变化，又保证输出符合内蒙古民族服饰的基本特征要求。

图像迭代与挑选

利用Stable Diffusion生成的初始图像，一般需经过多次迭代，方可达到理想效果。设计师可从首轮输出里挑选出相对较好的方案，并依据自身的审美判断给予修改，比如调整提示词、替换或精细调整LoRA、改变ControlNet参数等，甚至可以把满意的图像再度当作输入，使AI在原有基础上进行细化或者改良。每一轮生成均可视为一次“AI头脑风暴”，逐步靠近设计目标。实践说明，经过多次循环生成，可产生丰富多样的服装款式以及细节变体，为设计源源不断地提供灵感。设计师从众多AI生成图像中挑选出最契合预期的几张，作为设计生成结果。需要注意的是，这些AI生成的样本并非最终成品设计，而是概念设计稿，后续还需设计师结合工艺可行性进行调整。

依靠上述步骤，Stable Diffusion等AIGC工具已极大程度地降低了民族服饰创新的难度，让个人设计师也可高效探索“传统与未来”的无穷可能性。

4.2.3 打样与服饰制版成形落地

当完成设计概念之后，怎样把AIGC生成的服装创意转化成实体产品，这是实现民族服饰创新价值极为关键的一步。

设计稿和打样之间的衔接

AI生成的图像一般不是严谨的服装制版图，还得依靠人工以及辅助软件把它转变为可制作的结构版型，这一步可借助服装CAD软件或者3D服装设计软件来实现，设计师依据AI图像描绘出服装的平面裁片，明确各部分的尺寸比例以及结构线。一些新兴软件工具甚至可依靠计算机视觉从服装照片中推导出版型，未来或许可以用于AI图像的版型提取。AI图像里的纹样细节也需要单独进行整理，转变为可用于织绣或者印花的图案文件。如果AI生成的是比较规则的纹样，设计师可直接挑选局部图案进行矢量化处理，然后将其运用到实物设计中。这个过程等同于从概念图向工艺图的转换，需要融合设计师的专业判断以及现有的数字工具，以保证成品契合设计意图且具有可制作性。

虚拟试衣与修改

在开展实物打样工作之前，借助3D虚拟试衣技术可实现成本的节约以及修改效率的提升。设计师可把上述版型以及材质信息录入CLO3D、Browzwear等三维服装软件之中，生成虚拟服装模型，并将其在数字人身上进行穿搭，开展仿真试衣。借助虚拟仿真，可立刻看到服装的廓形、垂坠感以及纹样位置所呈现出的效果。如果察觉到某些细节不尽如人意，可在数字环境里迅速对版型或者图案位置给予调整，再次进行模拟，直至达到满意的状态。AI生成的设计大多充满奇思妙想，然而虚拟试衣可将其拉回到现实维度来检验其可行性，而Stable Diffusion也可参与到这一环节当中。有实践者采用“白坯样衣照片—材质生成”这样的流程，先制作出纯白坯布的样衣并进行拍照，之后运用AI把设定好的纹样和材质“贴”到照片上，生成上色效果图，再与真实试穿效果进行对比参考。这种AI与传统打样相结合的全新模式，较大程度地提高了打样环节的效率以及可视化程度。

制造对接领域

柔性生产技术取得的进展为小批量、多样化的民族服饰落地创造了条件。数字印花工艺可把由AI设计出来的复杂图案高精度地印制到织物之上，并且不需要制版，契合小批量多样的生产需求。计算机刺绣设备可依据数字图稿自动刺绣出传统纹样，既能保证精细度，又能缩短工时。对于特殊材质的运用，如智能发光面料等，也有相应的数控设备来实现批量生产。服装厂商可建立数字打样与生产一体化系统：设计师将最终确认的数据信息（包括版型、图案、工艺说明等）进行上传，工厂以数字化方式完成面料打印、激光裁剪、自动缝制等流程，使得从设计定稿到产品下线的周期大幅缩短。在这方面，国内领先企业已经开始进行尝试，比如森马服饰引入AIGC赋能产品设计，全链条打通从设计到生产的智能化流程，达成了“30秒生成设计稿，快速投入打样”的创新实践。由此可见，AI在设计创意阶段可发挥作用，在制造执行阶段同样可提升效率、降低成本，为民族服饰的小批量定制生产提供可行方案。

个性化定制及限量发行

个性化定制及限量发行是人工智能时代民族服饰商业模式的新亮点，

借助人工智能的高效率以及低边际成本等特性，品牌可为消费者提供深度参与设计的契机。用户在线上定制平台挑选内蒙古民族服饰的基本款式，接着借助简单的勾选或者描述，人工智能会即时生成多种纹样搭配以及配色方案的预览图以供用户挑选。一旦用户确定了设计方案，系统就会把数据传送到工厂开展单件生产，实现真正意义上的按需定制，这种模式契合了年轻消费者追求独一无二的心理。品牌还可采用限量发行策略，与人工智能合作生成有收藏价值的民族风时装系列，以小批量发售的方式营造出稀缺感以及话题度。在国潮趋势的背景下，年轻人愿意为“有故事、有态度”的产品付费。人工智能赋能的民族服饰完全可以讲述这样的故事，即每款图案背后都蕴含着蒙古族文化意涵，而限量的形式又增添了产品的文化艺术属性，这不仅提升了产品的溢价空间，还对传统文化的推广有所助益。有研究着重指出了Made-to-Measure（量身定做）模式的优势，个性化已然成为时尚产业的关键发展方向。内蒙古民族服饰因其礼服性质，向来注重量体裁衣，人工智能与数字制造技术的结合将这一优良传统发扬光大，让每位消费者都可拥有合身又合心意的民族服饰。

在“传统文化数智化”以及“青年文化符号重构”这两种力量的推动下，内蒙古民族服饰的创新迎来了极为难得的机遇。人工智能技术将蒙古族源远流长的服饰文化以数字化方式进行传承与再创造，使其突破时空的限制融入当下生活；而青年一代的审美趣味和文化诉求为传统服饰注入了全新的灵魂，重新构建了传统符号的表达语境。当科技与文化相互融合，现代时尚与民族元素相互碰撞时，便有可能产生强大的审美共情效果，也就是让年轻人在时尚体验里感受到文化的共鸣，这种共情恰恰是民族服饰焕发生机的起始点，可以预见到，未来民族服饰的发展将会呈现出“文化＋时尚＋科技”多种融合的全新格局。传统文化不再仅仅局限于博物馆或者典礼，而是借助AI的赋能走进日常生活，走进潮流中，以全新的面貌引领风尚。在这里，坚持对内蒙古民族服饰核心文化内涵的尊重与提炼是基础，善于运用数字技术和青年创意是关键，只有两者同时进行，才可以让民族服饰的设计既有灵魂又充满生命力。就如同有的项目实践所呈现的那样：“让传统与未来在T台上交汇，让青年设计的声音在虚拟世界中闪耀光芒。”这是对当下成果的写照，也为民族服饰创新指明了前行的方向。在AI的帮助下，内蒙古民族服饰有希望迈向一种良性循环：在审美方面与年轻人产生共情共鸣，在文化方面实现传承与再生，让古老的草原华服在新时代绽放出永恒的光彩。

4.3 民族服饰创新设计案例作品解析

案例作品1（图4-2）

这幅以内蒙古民族服饰数据为基础，经过LoRA小样本微调后由Stable Diffusion生成的图像，是“守正与创新”在当代人工智能背景下的一次有效尝试。它的最大价值体现在两个方面：一方面，AIGC以很低的成本实现了对内蒙古民族服饰“语法”的可计算重现，从立领、斜襟的逻辑到腰线分割以及袖口包边的结构性线索都被准确地保存下来，算法已经可以抓取蒙古袍最关键的形制特征，避免了常见的跨文化错置；另一方面，在保证形制不变样的前提下，作品大胆引入了带有赛博朋克气质的高光泽与半透明材料，可以理解为是对TPU/PVC膜感、金属膜闪片或复合纤维的想象，将传统服饰的“仪式感”转变成面向青年审美的“未来感”。这种“结构不变、材料突变”的策略，是民族服饰创新的稳健途径，让文化识别停留在可被认出的外轮廓与部件关系上，同时把风格张力与时代气质交给材质、光影和色彩去达成。就色彩组织来说，作品以蓝系为骨干，用电光粉与偏紫霓虹作高频点亮，这与蒙古族服饰体系中“礼仪蓝—胭脂红—银饰高光”的视觉记忆并不矛盾，借助饱和度与材质光泽的改变，在“舞台/夜景/数字环境”下获得强烈的存在感，配色策略因为避开了强礼制指向的纹样而显得更为克制，相当于把“文化正确”的风险降低

图4-2
案例作品1

到了较低的程度。

对于AIGC方法论来说，LoRA凭借小参数来承载“部件级符号”，ControlNet类工具可用于锁定姿态与轮廓，VAE可保证色材还原，如此一来生成结果在“构型可信—细节可辨—风格可控”这三个方面同时达成。在创作管理方面，借助提示词里对“蒙古袍式立领/对襟逻辑、袖口镶边位置、腰封与饰件层级”的清晰描述，辅以负向词排除异域元素，可减少误判与串味。面向青年消费文化，这件作品提供了值得留意的转译样本：在“社交媒体—虚拟形象—数字走秀”这种三位一体的表达场景当中，半透明材质与高折射表面天生有“可被相机/屏幕放大”的视觉优势，符合“可秀、可玩、可转发”的传播逻辑，也为现实打样给出了明确的材质方向。AIGC缩短了从概念到样张的迭代周期：在维持内蒙古民族服饰语法的情况下，设计者可以以材料、光泽、层次作为旋钮进行“百图级”快速试错，然后把被验证的组合反馈到实体打样与小批量柔性生产中，切实实现降本增效。

该作品借助AIGC实现了“形制守正+材质革新”的范式示范，它没有让内蒙古民族服饰的文化辨识度降低，也没有在创新口号下摒弃工艺想象，而是以智能生成的高效性与可控性作为支撑点，开拓出面向青年社群的当代叙事空间。只要持续在数据合规、术语标准以及文化审校方面用心钻研，再结合面向实体生产的材料试验与工艺优化，“AI×民族服饰”这条路径完全有可能发展成为稳固的创意—制造—传播链条，使草原华服在数字时代拥有新的触感、新的光泽以及新的公共想象力。

从知识生产和治理的角度需要提出两点规范化建议，以此巩固其“文化正确—工程可复现”的学术价值：其一为数据与符号的合规治理，要持续完善训练语料的来源以及授权记录，区分“礼制指向性强”的章纹/部位符码与“审美装饰性”元素，构建与文献、藏品和传承人反馈的三方校核回路，避免在材料与色彩的叙事放大下出现符号越界；其二是方法与评价的可重复框架，用“小网格寻优”来固化LoRA权重、CFG、步数、去噪强度与ControlNet权重的稳定域，搭配“自动化筛查+专家量表+青年用户可用性反馈”的三元评估闭环，把“概念图—白坯样衣—AI渲染—柔性打样—小批量”流程纳入版本化管理与伦理声明。这样一来，AIGC不仅成为民族服饰创新的创意引擎，还成为面向青年文化消费的产业化工具链，在尊重文化语法的基础上，以低成本、高迭代和跨媒介传播实现“传统之形可识、当代之意可感、未来之材可试”的可持续实践。

案例作品2（图4–3）

从服饰人类学以及视觉语义的角度而言，这件作品将“形制守正、色材出新”当作核心策略，比较好地呈现出AIGC在民族服饰当代转化方面的方法论价值。图像留存了内蒙古民族服饰可被识别出来的结构语法，像立领、对襟逻辑、腰封系结以及肩颈处的层级关系，并且借助LoRA小样本微调在Stable Diffusion潜空间里稳定复现这些关键特征，经过对裙身体量、披帛飘带与腰间束系的比例重新组织，塑造出接近婚纱礼服的“轻仪式感”廓形。在色彩方面，以青花瓷语汇的冷暖蓝作为主要颜色，再加上低饱和镀金色绣样，避免了强礼制图案的越界与错置，使得“蒙古族—婚纱—传统中国色”三者在视觉层面达成了语义兼容。这种“保留民族识别，重构当代语境”的做法，让作品既没有失去草原文化的骨法，又拥有婚礼与影像传播场景中的舞台化张力。

图4–3
案例作品2

在设计工程与产业效率方面，AIGC在该案例里呈现出三点优势：首先是降本增效，以LoRA为代表的小参数微调可在数十张高质量样本上迅速学习形制与符号，再结合提示词工程以及ControlNet的姿态/轮廓约束，设计师可在小时级完成多轮“方案—反馈—再生成”的闭环，有效缩短了概念验证周期；其次是可控与可复现，借助LoRA权重、CFG、步数与去噪强度的小网格寻优，可把“婚纱体量、蒙古式领襟、青花配色、金线绣样密度”等转化为可调旋钮，沉淀成为团队的参数配方库，以此支撑多款并行的系列化开发；最后是数实贯通，基于SD的图生图/局部重绘，可以将白坯样衣照片快速“上色”来验证材质与纹样位置，接着与CLO3D等三维试衣联动，实现从概念图到版型与工艺说明的数字化过渡，为小批量柔性生产、数字印花与电脑刺绣提供低门槛的落地路径。对于设计师来说，AI并非替代手艺，而是将“创意搜索空间”大幅拓展，同时把试错成本降低到可承受的区间。

对于消费文化与时尚生态来说，这件作品符合年轻一代“国潮认同+个性表达+轻礼仪场景”的复合需求。一方面，内蒙古民族服饰的结构特点赋予了作品清晰的文化辨识度；另一方面，婚纱化的体量以及青花瓷色系给出浪漫、清爽的情绪导向，适合拍摄、社交平台传播以及节庆仪式等多种场景使用。AIGC让个性化成为可规模化供应，品牌可围绕“领襟高度、披帛长度、金线纹样密度、蓝金配比”提供可视化配置，形成“共创式”定制服务。在规范方面，还是要坚持数据与符号的合规治理，区分装饰性元素与礼制性符码，建立与文献、藏品、传承人三方核对的流程，防止跨文化拼贴的误读。这件作品以“守正—创新—可复制”的工程模式证明，当AIGC成为民族服饰的设计基础时，传统可被更有效地传递，创意可被更快速地验证，年轻人的时尚需求也能在尊重文化规则的前提下得到充分回应。

案例作品3（图4-4）

从服饰人类学以及视觉符号学这两个方面出发，这部作品采用了基于内蒙古民族服饰语料的LoRA小样本微调方式，并且以Stable Diffusion的潜空间生成为重点，达成了“形制守正—语汇迁移”这样一条有效的路径。图像在颈肩到胸襟再到腰封的层级结构、对襟或者立领的线性走向等关键的“服饰语法”方面保持着稳定的识别度，防止出现跨文化错置的情况，同时在材料与体块

图4-4
案例作品3

语言方面进行了大胆的重构：盔甲化的板片、半熔岩一样的高发光体以及熔蚀肌理，形成了一种“外骨骼—能量腔体”的未来材质隐喻，使得传统礼装的“庄重/防护”语义可以以科幻的方式再次编码。就方法论来讲，LoRA负责部件级符号的注入与可控，采样与ControlNet保障结构稳定，匹配VAE提升材质与光照的可信度，设计师借助提示词与权重的网格化寻优，可把“蒙古族形制—机甲语汇—熔岩光泽”转化成可复现的参数组合。这种“结构不变、材料突变”的范式，为民族服饰进入科幻电影、动漫和游戏等类型化影像提供了高效的概念生成机制，既能维持文化辨识度，又契合了类型化叙事对张力与奇观的要求。

从产业以及时尚发展的角度来分析，AIGC在作品当中呈现出了三方面的促进作用：首先是降本增效，依靠小参数微调，在小时级的时间内便可产出大批量有高一致性的概念稿，大幅压缩了前期世界观以及服装设定与迭代所需要的成本；其次是跨媒介可迁移性，同一参数配方可快速派生出影像海报、角色立绘、三视图以及材质参考；最后是可与3D试衣、数码印花、轻量护具材料实验相衔接，形成“数字概念—实体打样”的闭环。在面向青年审美的语境更新的同时又不触碰礼制符码的情况下，把内蒙古民族服饰所固有的“防护—力量—能量”这类语义，运用赛博、机甲等当代视觉语汇进行转译，以契合科幻粉丝与二次元社群对于“可玩、可秀、可设定”的需求。为保证可持续发展，建议在生产链条中构建“符号合规—版本化参数—专家审校—用户测评”的治理框架，对于强礼制符号实施白名单以及位置约束，对生成数据与样衣试验进行可追溯记录，运用“文图对齐、结构一致、细节ROI、文化合规量表”四维指标来评估输出。该作品证实了人工智能在推动传统服饰向时尚与类型影像延展方面的方法论价值，依靠有较高可控制度的生成式流程，将内蒙古民族服饰的文化骨相与未来叙事的材质奇观进行同构重组，使得传统之形可被识别，当代之意可被感知，产业之链可相连接。

案例作品4（图4-5）

从服饰人类学以及图像学的角度来看，该作品把内蒙古民族服饰语法当作“骨”，把绘画性风格迁移当作“肌”，构建起了“形制守正—艺术再编码”的生成范式。图像在立领、右衽或者对襟走向、嵌滚与滚条位置、肩颈层级以及额链式头面饰等关键部件方面，保持着高度可识别

图4-5
案例作品4

性的蒙古族特征，借助LoRA小样本微调把这些“部件级符号”写入Stable Diffusion的潜空间，再凭借提示词与采样策略调度“宣纸肌理、低饱和度赭色底、工笔式边缘收束以及水墨晕染”这样的画面语汇，使得输出呈现出温润的纸本观感以及含蓄的东方调性。如此一来，传统服饰的礼制气质与绘画语言的审美张力被整合到同一个图像系统之中：文化识别由“结构关系”承担，艺术更新由“材质与笔触隐喻”负载，既防止了跨族错置，又突破了摄影写实的表达界限。就应用面向来讲，该风格拥有出版插图、展陈导览、学术海报、文博衍生品以及美术课程案例等多种场景的可迁移性，可把服饰母题转变成“可叙述、可观摩、可教学”的视觉范本，提高了非遗图像的传播亲和力。

作品从设计工程与时尚产业角度而言，体现出AIGC对传统服饰的现代转化有系统助推作用：首先是降本增效与可控复现，以LoRA为核心的小参数路线，能让设计者在小时级内完成“形制锁定—风格试探—画面迭代”的闭环，借助LoRA权重、CFG、步数、去噪强度以及ControlNet的网格化寻优，形成稳定的参数“配方库”，利于多款式同时开发以及跨团队复现；其次是数实贯通与学训一体，绘画形式输出可直接用于概念阐释与情绪板，之后把图像中的纹样与配色提取为矢量版式，用于数码印花、电脑刺绣和材料试样，达成“概念—工艺—商品”的连续流程，在教学方面，可据此构建“数据合规—符号校核—自动化筛查—专家量表—用户反馈”的评估框架，规范面向青年的二次创作；最后是面向年轻审美的语境更新，绘画化的柔和色阶与纸本肌理缩短了礼服语汇的距离感，更适合社交媒体与展览传播，在不触碰强礼制符码的情况下，可借助微调“滚边色、额饰密度、纹样疏密”实现个性化与共创，拓展数字藏品、虚拟时尚与轻礼仪单品等新业务。需要注意的是，后续要继续完善数据授权与符号位置的白名单治理，保持对“文化正确性”的底线意识。作品以学理化、工程化的AIGC流程说明，当传统服饰的结构知识被参数化、艺术风格被可控化时，非遗图像既能在美术领域获得新的叙事能力，也能在时尚链条中实现效率与表达两方面的增益。

案例作品5（图4-6）

(a) (b) (c)

图4-6
案例作品5

作品首先在“形制语法”方面达成了较高一致性的文化识别，其中立领的样式以及对襟的走向，肩颈到胸襟再到腰封的层级关系，以及袖口滚边与分割线的节点处理都维持着稳定状态，这样就能切实避免跨族形制出现错置的情况。在这个“守正”的基础架构之上，作品把实验变量设定为对“材质词”的替换，依次呈现出了麻布的低光泽漫反射以及干爽褶裥［图4-6（a）］、防水机能壳层的高光泽定型以及微硬挺体块［图4-6（b）］、丝绸或者缎面的镜面反射以及柔顺垂坠［图4-6（c）］这三种不同的BRDF（二向性反射率分布函数）表征。在同一关键词下进行材质替换，突出了AI对光学与力学观感有可控的渲染能力，也使得“蒙古族形制—材料语义—场景适配”之间的映射关系清晰地呈现出来：麻布对应着生活化与自然的语境，防水材料适用于户外与机能场景，丝缎则指向礼仪与影像传播的高光场域。如此一来，图像实现了民族服饰“形”的稳定与“材”的变奏之间的协同，还将传统文化符号与当代材料审美置于同一个可比较的设计坐标系中，为材料驱动的风格创新提供了可验证性的样本。

从方法论以及产业应用方面来看，该组输出充分呈现出了AIGC在“降本增效—可控迭代—数实贯通”方面所具有的综合优势，借助LoRA把“部件级符号”固定成为小参数适配层，设计师在冻结基座的情况下可开展控制变量式的材质试验：保持相同的Prompt，让形制与配色保持常量，仅仅替换“linen/waterproof shell/silk-satin”等材质词，并且微调LoRA权重、CFG、步数以及ControlNet权重，在数小时之内就能得到成系列、可进行对比的材料方案集，沉淀成为团队的“参数配方库”。材质观感可进行可解释的输出，这利于向下游工艺进行转译，把图像里的纹样与肌理提取为矢量与花型文件，联合3D试衣以及数字印花、电脑刺绣、复合膜压等工艺开展小批量打样，达成“概念图—白坯样衣—AI渲染—柔性制造”的闭环。针对面向年轻消费者的“轻仪式感—机能混搭—日常可穿”这三类场景，可以依据材质参数迅速生成Lookbook与交互式配置器，为共创定制以及市场测试提供支持。需要注意的是，随着材质自由度的提高，仍然需要以“礼制符码位置白名单、专家量表、自动化筛查”所构成的治理框架来守护文化底线，这组三连作借助“形制守正、材质出新”的可控实验，证实了AI在民族服饰设计中可将“材料假设—视觉验证—工艺落地—消费反馈”串联成为高效循环的能力，为以内蒙古民族服饰为核心的材料创新以及场景化开发提供了可靠的工程范式。

案例作品6（图4–7）

从服饰人类学以及视觉符号学的综合角度来看，这组图像把内蒙古民族服饰的“形制语法”当作不变的骨架，同时将材料、结构细节以及场景叙事设置为可变参量，呈现出“守正—变体—跨域”三位一体的当代创造逻辑。四幅图像在立领与对襟或者右衽的线性走向、肩颈到胸襟再到腰封的层级分割、袖口收束与滚条位置、头面饰的链垂式组织等关键部件上有着高度一致的民族识别度，以蒙古族语料训练的LoRA小参数模型已经把“部件级符号”稳定地写入潜空间。材质与工艺语汇的扩展成了创新的主要载体：图4-7（a）和（b）将传统礼装语义和“机能—装

(a) (b) (c) (d)

图4-7
案例作品6

甲—能量”的未来叙事并列在一起；图4-7（c）凭借皮革与织物拼接以及短袍化比例实现街头风格的剪裁转译；图4-7（d）则在传统长袍外面叠加了透明TPU雨披形成“层叠观看”的视觉机制，既保留了腰封与领襟的文化元素，又凭借高透膜材料的折射与雨滴颗粒营造出亲和的日常语境。在色彩系统方面，图4-7（a）偏向红黑对比，图4-7（b）用蓝金礼仪色构建仪式强度，图4-7（c）以黑银皮革对比营造都市硬朗感，图

4-7（d）以金黄暖调与透明膜的高光相呼应，这四者共同避开了强礼制指向的章纹越界，把“身份—场合—材质”的映射关系控制在合理范围，既为青年语境提供了“可穿—可玩—可秀”的审美入口，又避免了跨族挪用的常见风险。由此可知，作品遵循“形制不移、材质为先、比例与场景次之”的层级创新原则，文化识别由结构语法负责，风格异质性由材料力学与光学观感调度，情境共情则由配色与摄影叙事兜底，这一策略让内蒙古民族服饰在不牺牲民族辨识度的情况下，获得了面向影视、二次元、街头时尚以及日常生活的多场景可迁移性。

从方法论以及产业实践的角度来分析，该组所取得的成果可较为清晰地呈现出AIGC在“降本增效—可控迭代—数实贯通—共创传播”这四个维度所具有的系统价值，依靠Stable Diffusion的SDXL基座以及LoRA小参数微调，设计团队借助极少的样本达成了“蒙古族服饰款式与文化语境”的稳态复现。在这一基础之上，运用提示词工程以及ControlNet对姿态、轮廓与体块关系加以约束，把“形制正确性”从依靠经验判断转变为可重复的流程节点，降低了跨文化错置的概率。作品运用“控制变量法”对多种材料方案进行检验，对于同一构图以及同一部件组合，仅仅替换材质词以及少量比例参数，就能获得风格不同但语法一致的系列化输出。再配合LoRA权重、CFG、步数、去噪强度与ControlNet权重的XYZ网格小样试验，可快速找寻到“构型稳定—纹样准确—材质可信—结果生成友好”的稳定工作流程，并将其沉淀为参数配方库，大幅度压缩了概念验证与认可构建所需的时间成本。品牌可以开放领襟高度、腰封宽度、头面饰密度、材质与配色等旋钮，凭借前端可视化配置器让用户在“民族视觉边界”内进行共创，后台利用私有LoRA与参数配方保障生成质量与文化正确，生成的多个版本图像可作为电商与社媒素材，也可以作为小批量定制与限量发行的设计依据，完成“内容即产能”的传播—转化闭环。

作品以蒙古族形制语法作为文化根基，借助材料比例情境的系统调配作为创新动力，呈现出了生成式人工智能在民族服饰创新方面的三重潜力。

• 知识表达的计算化，就是把传统服饰的结构知识化解成可编排的参数，使得文化正确不再只是依靠手工经验，而是变成了可验证和复现的流程标准。

• 设计探索的规模化，即在小时级成本的条件下，对材料工艺与场景进行成组试验，快速收敛到可以落地的系列方案，并且为影视舞台、街头以及户外等多个领域的应用提供针对性的版本配方。

• 产业协同的可持续化，依靠数字打样柔性制造与共创传播，连接供给侧与需求侧，契合年轻群体对个性功能可秀的复合需求，也用白名单治理、专家校核加用户反馈的三元闭环，守护民族语汇的礼制边界和学术底线。

当民族之形被严谨保留，时代之材与场景之光得以大胆试验，内蒙古民族服饰就能在AI驱动下获得新的社会生命，它既是符合传统知识的文化物品，又是面向未来叙事的时尚媒介。上述四个例子从机能礼装、光能装甲、皮革街头到透明雨披的连续谱系，为后续系列化开发、跨媒介叙事与教育展示提供了可复制的范式样本，它们共同指向一个明确的方向，即以AIGC为基础设施，以LoRA为知识插件，以参数配方为组织方式，在文化尊重与工程可控的双重约束下，让草原华服在数字时代持续焕发新的光彩。

4.4 基于人工智能的内蒙古民族服饰产业创新与协同发展

产业问题与现实需求

蒙古族等少数民族的传统服饰蕴含着深厚的文化价值，然而在当下的现代文化消费市场里，正遭遇着一些独特的挑战：其一，传统民族服饰的制作一般依靠精细的手工工艺以及长时间的投入，这使得其成本变得高昂，生产周期也较长，以至于很难适应大规模的工业化生产模式，这种情况直接对产品的市场规模以及竞争力造成了限制；其二是销售渠道相对比较有限，大多是以地域性的线下渠道作为主要方式，很难触及到更广泛的年轻消费群体，虽说近些年来少数民族服饰市场整体呈现出增长的趋势，消费者对于本土文化以及民族特色产品的兴趣有所提高，可是倘若价格门槛过高或者购买不太方便，传统服饰依旧难以从小众范畴迈向大众领域。

年轻人审美以及个性化趋势所带来的影响：当下，新生代消费者Z世代（95后和00后）正逐渐成长为市场的主要力量，他们是在全球化的环境中成长起来的，对于传统文化，他们有着认同感，同时又追求个性的表达以及时尚的品质。相关研究显示，年轻一代拥有更强的民族文化自信，并且乐于在消费过程中呈现传统文化的独特魅力。这就促使了“汉服热”“国潮风”等潮流的出现，不过这也给传统服饰企业提出了更高的要求：产品既要保留文化内涵，又要符合当代的审美标准，还要有差异化的创意，以此来避免出现同质化的情况。年轻消费者比较倾向于定制化、小批量以及多样化的时尚体验，他们期望服饰可以体现出个人的品位。这样的趋势要求民族服饰产业有更快的设计迭代速度以及柔性生产能力，以应对瞬息万变的潮流。有研究曾指出，在Z世代成为消费主力的背景下，只有借助“小单快返”等模式，也就是先生成海量的设计方案，小规模地投放到市场中测试反应，然后依据热点迅速调整生产，才可契合个性化以及多变的需求。传统服饰要是缺少这种敏捷性，往往就没办法吸引年轻群体的兴趣。

内蒙古民族服饰产业在产业链智能化工具方面存在的欠缺：其设计制造环节整体的数字化以及智能化程度相对较低，众多中小型服饰企业和手工艺作坊在进行款式设计与纹样绘制时，主要依赖人工经验，缺乏先进数字化设计软件以及图案库的支撑，如此一来，设计效率较为低下，创意开发受限于人力经验，难以及时产出契合市场需求的新颖款式。就好比传统的服装图案开发流程一般是一条漫长的流水线：设计师先构思草图，接着手工制版，安排真人模特试穿并拍照，随后经过后期修图完善，一个新设计从概念形成到最终定稿平均需要花费数日时间，每款图案的成本大约为数百元。在这种状况下，企业很难迅速推出大量风格各异的新品去试探市场，出现产品创意匮乏、款式趋于雷同的问题。一项针对苗族服饰的研究表明，产品同质化现象正妨碍着民族文化产品的发展。而AIGC的兴起为传统服饰设计带来了新的可能性。目前产业链还缺少共享的数字资源库，如标准化的服饰纹样图案数据库以及3D服装模型库等，设计者无法便捷地获取现有传统元素并进行二次创作。这一短板也受到了政府和行业的关注，一些地区出台的《纺织工业数字化转型实施方案》等政策文件明确提出要构建包含服装服饰产品图案以及民族特色专属纹样、素材、版型等在内的数字数据库，推动企业运用协同设计、云设计等方式实现量身定制。由此可见，提升数字化设计能力、引入智能化工具已然成为内蒙古民族服饰产业转型升级的现实需求。

多产业内容延展与商业转化路径

AIGC技术给予民族服饰文化元素全新的数字生命力，让其有机会突破服装自身范畴，朝着相关创意产业延伸拓展，实现IP化开发以及商业价值的提升。在服装制造领域中，AIGC可帮助企业实现“小批量、快反应”的敏捷供应链，借助AI生成数量众多的服饰设计方案，并在电商平台进行小范围的市场反馈测试，企业可迅速判断出哪种设计最受欢迎，把受欢迎的图案印制到实体服装上并投放至市场。在这种模式下，新品从设计到上架的周期可从传统的45天缩减至7天，库存风险也大幅度降低。AI生成设计降低了设计成本，使得中小型服饰厂商也可承担频繁推新所需的费用，在与快时尚行业的竞争中获取优势。

在IP开发领域，民族服饰图案与形象借助AI的演绎可演化出系列化的IP形象，可用于授权以及衍生品的开发。运用Stable Diffusion生成了一系列以内蒙古民族服饰元素为特色的卡通角色形象，这些角色身着传统服装且有着现代卡通的可爱造型，可吸引年轻受众。之后这些形象可授权给玩具、文具、潮流服饰等领域的商家去开发衍生品，形成“民族服饰IP”。企业要留意，简单跟风推出概念产品可能会造成同质化，只有深入挖掘文化内涵，创造出与其他品牌不同的独特产品，IP开发才会真正成功。AIGC在这方面能提供持续不断的创意支持。凭借生成的不同风格的模型，设计团队可以尝试把蒙古族纹样与二次元风格、三维动画相结合，产生意想不到的新IP形象，在跨界合作中打造差异化优势。

在游戏动漫这个领域当中，民族服饰元素经过AIGC的包装之后可成为十分亮眼的内容素材。游戏美术设计师可调用经过民族服饰风格训练的AI模型，批量生成游戏角色的服饰概念图。例如，有一款以草原文明为背景的游戏，借助AI可设计出许多有各自特色的蒙古族战袍以及饰品造型，把它们用于NPC和主角的服装上，这样一来不仅可以大幅减少美术工作量，而且还可以保证造型有文化真实性和多样性。许多二次元动画或者漫画作品也开始融入中国少数民族元素，在AI的协助下，创作者可更加轻松地获取灵感，例如为角色设计一身融合了蒙古袍裁剪以及流行街头风格的服饰，让传统与潮流相互碰撞产生火花。国家政策鼓励把传统服饰文化融入动漫游戏产业，提出要强化与文化创意、动漫IP等领域的融合发展。AIGC恰好是连接二者的一座桥梁，AI可依据动漫角色设定自动生成契合其性格的民族风服装，经过多次迭代之后产出让美术和编剧都感到满意的设计，这些融入了民族服饰元素的游戏动漫形象一旦流行起来，其背后的文化元素也会随之传播，为传统服饰带来隐性的IP价值。

在虚拟偶像以及数字时尚这两个领域当中，AIGC所开拓出的应用空间呈现出更为宽广的态势，诸如虚拟偶像、VTuber这类角色，它们大多时候需要更替形象服装以此来维持新鲜感，借助AI生成技术，设计团队可快速地为它们打造出一系列带有民族风情的数字服装。在不远的未来，我们有可能会目睹虚拟歌手身着蒙古族盛装在虚拟演唱会上进行表演的情景，这些服装无论是款式还是纹样都是由AI设计而成的，使得传统服饰元素借助数字化的形式再度焕发出新的生机。数字时尚平台同样可上架由AI设计的民族服饰虚拟服装产品，用户在购买之后可给自己的虚拟形象进行“换装”操作，实现文化体验与商业变现二者之间的融合。相关报道显示，当下已经有创业团队搭建起了面向元宇宙的虚拟服装工作站，每天自动生成数以万计的不同风格的服装设计图纸，并且还允许用户定制专属风格的模型，这样的模式为民族服饰进入数字时尚领域提供了一个范例。内蒙古地区可以考虑在本地的科技园区引入类似的“AI服饰创作平台”，批量生产蒙古族等民族风格的虚拟服装，然后凭借元宇宙以及社交平台向全球进行售卖，以较低的成本实现文化输出以及商业回报。

在文化旅游以及演艺领域，AIGC可对民族服饰元素的传播与变现起到推动作用。就文化旅游而言，可以开展由AI驱动的互动体验活动：游客在旅游景区扫描二维码进行拍照，后台的AI依据照片实时生成游客身着当地民族盛装的形象，随后将其合成到纪念照或者短视频当中，这类应用已经在某些非遗展览里有所呈现，如借助AR技术让观众进行虚拟试穿传统服饰，这提高了旅游体验的沉浸感以及趣味性。未来还可与NFT等技术相结合，游客所生成的专属“民族服饰形象”可被铸造成个人数字藏品，提升纪念品的价值。在演艺方面，AIGC可为舞台表演迅速提供服装视觉方案，例如大型民族歌舞剧需要不同历史时期、不同部落的服饰，AI可一键生成大量可供服装设计师挑选并修改的备选方案。在舞台灯光效果模拟方面，AI也可生成演员穿着特定服饰处于特定灯光环境下的效果图，以此帮助导演判断视觉呈现效果，这些均使得传统服饰在现代演艺中有更高的呈现效率以及更为丰富的艺术表现力。

AIGC技术促使民族服饰元素突破服装实体局限，向多领域内容延伸并催生新商业模式：它能作为数字IP融入游戏动漫、虚拟时尚等“注意力经济”产业，大幅提升文化价值；还可以反哺实体产业，为服装制造和文旅演艺赋能，构建线上线下联动的产业生态，此延展路径为内蒙古民族服饰产业与其他创意产业协同发展创造了契机。然而要切实落地，还需相应机制汇聚多方力量参与，使设计创新从单向过程转变为开放共创的循环。

AI平台共创设计机制

AIGC技术有颠覆性意义，它打破了传统的“设计师单向输出”模式，转而支持多主体共同参与共创，为了充分释放这一潜力，内蒙古民族服饰产业可以探索建设一个开放的AI服饰设计平台，让设计师、手工艺传承人以及消费者共同参与服饰创新，这个平台应该有以下机制。

- 多用户设计反馈循环是首要内容，平台上的AI设计系统可依据用户的交互反馈持续优化设计方案。例如，通过AI生成内蒙古民族服饰设计，普通用户可凭借投票或者评论来表达自身喜好程度，专业设计师则可对细节做编辑修改，AI汇总这些反馈之后，调整生成模型的参数权重，产出新一轮更符合用户偏好的设计。在敦煌文化创意大赛等实践当中，已经出现借助用户内容共创来优化作品的案例，大赛邀请用户提交个人设计作品，由社区投票选出优胜者，这些优胜作品被官方制作成数字藏品进行发行，达成了“创作—确权—收益”的闭环，这一模式说明，群体智慧的参与可提升创意与市场需求的匹配度。同样的道理，在民族服饰AI设计平台上，引入用户共创以及投票机制，可以激发大众的创意热情，让设计方向更贴近实际、更具市场潜力。

- 平台应当支持个性化风格偏好的保存。每一位设计师甚至普通用户都有各自偏爱的色彩以及纹样风格，平台上的AI模型可为注册用户构建个人风格档案，记录其曾经选择过的设计元素以及反馈倾向，借助机器学习，系统可逐渐总结出某用户“审美取向”的特征向量，在后续的设计交互过程中，AI可以调用该向量，对生成结果加以微调，优先展示符合该用户喜好的方案。当某手工艺传承人登录平台使用AI设计时，系统会自动倾向于推荐体现传统工艺细节的方案，而年轻消费者使用同一工具时，系统或许会推荐更具时尚感与前卫感的改良设计，如此这般，AI设计真正实现了因人而异、千人千面，每位参与者都可高效获取令自己满意的创意成果。这种个性化定制不仅提升了用户黏性，还让设计共创更加顺畅且精准。

• 还需构建分层共创的协同机制。民族服饰设计大多会涉及诸多学科知识，如传统美学、现代工艺以及市场营销等，平台应当鼓励有不同专长的用户充分发挥自身优势，展开分层协作。传统工艺匠人负责提供原始纹样设计并把控文化内涵，美术设计师针对AI生成图进行色彩与款式方面的调整，营销策划人员依据市场趋势给出修改建议。国际上已经存在类似的探索，像AsyncArt平台采用“分层共创”模式：由非遗手艺人提供原始图案设计，专业设计师接着对色彩图层给予修改，每一版作品都会上链成为数字资产，并且会自动按照预设规则分配收益，这种模式不仅可以让非物质文化遗产摆脱静态形式，转变为动态网络里的活跃元素，还为手艺人和设计师创造了全新的收益机会。内蒙古的AI服饰平台可以借鉴这一思路，为每个参与共创的角色明确贡献边界以及收益分配方式，比如一件借助AI平台共创的虚拟内蒙古民族服饰，要是日后被铸造成NFT出售或者授权实体生产，那么其收益可按照预先约定在提供纹样素材的非遗代表性传承人、完善设计的时尚设计师以及AI平台开发运营方之间进行分配，这会有效提高各方参与共创的积极性，形成良性循环。

• 平台共创需要重视社区运营以及文化沉淀。借助举办线上设计挑战、非遗故事分享、AI作品展示等各类活动，提高用户社区的活跃度以及归属感。比如组织以内蒙古民族服饰为主题的月度AI设计比赛，邀请众多用户提交作品并且评选出优秀设计，把优秀设计制作成限量版数字服饰来发放奖励。再如依靠平台博客、直播让资深传承人讲解特定纹样背后所蕴含的文化意义，增强参与者对于民族服饰设计的情感联结。这些举措可让AI平台不只是一个工具，还可以成为连接传统文化与现代创意人群的社群纽带，使共创出的作品拥有更深层次的文化价值以及故事内涵。

借助AI服饰设计平台，多元主体可各取所长参与民族服饰创新，实现“AI+自然人”的优势互补。其中AI承担批量生成以及技术支持工作，人则负责审美把关与文化赋魂，这样的共创机制把传统服饰传承从以往的小众圈子扩展成全民参与、实时进化的新生态，既提升了设计效率，又保证文化精髓不会被湮没，为内蒙古民族服饰产业协同发展注入持续动力。

内蒙古民族服饰AI生成模型的效果与应用分析

为检验AIGC技术于蒙古族传统服饰设计里的实际效能，我们以Stable Diffusion模型为基础，挑选蒙古族传统服饰图像数据给予微调，得到一个专门用于生成内蒙古民族服饰图像的定制模型，微调数据覆盖蒙古族男女传统服装正面、侧面照片以及经典纹样图案素材，数量有数百张。训练进程中运用LoRA技术，仅借助少量样本就让模型掌握了这些服饰的形制特征与纹样风格，微调后的模型在测试时呈现出令人惊喜的生成能力：输入“一名蒙古族少女身穿传统刺绣长袍在草原上舞动”的描述，模型可生成栩栩如生的画面，少女所穿长袍的剪裁、图案、配色都高度契合内蒙古民族服饰特点，服饰细节如肩部的织锦花纹、腰间的绣带清晰可辨，并且整个形象与草原背景相互融合，洋溢着民族风情。相较于未经微调的基础模型，定制模型对于蒙古族元素的再现准确度以及细节丰富度均有较大提升，一般的基础模型可能会将描述误解为普通的少数民族服饰，导致人物服装并非蒙古族服饰，而定制模型则可精准抓住蒙古袍的关键特征，对襟、高领、腰带等进行修正，借助微调，AIGC模型已成功领会内蒙古民族服饰的视觉语言，并可在创作中灵活运用。

该模型有关键特性，它既可复原传统样式，还可进行创新应用，做到举一反三。在游戏角色设计实验里，我们让模型生成“未来科幻风格的战士穿着带蒙古族元素的护甲”这样的形象，模型输出的战士形象中，银色科技感盔甲巧妙融合了内蒙古民族服饰纹样，头盔造型借鉴了蒙古族头饰轮廓，富有未来感又隐隐透出民族韵味。团队对这个形象颇为满意，觉得若让人做出类似创意或许需要多轮尝试，而AI一次就给出了高质量方案，这体现出定制模型有风格迁移能力，能把蒙古族服饰元素运用到全新题材中，为游戏动漫等产业提供了有价值的创意素材。在舞台表演服装设计方面，我们也做了测试：输入“现代流行演唱会服装，灵感源自内蒙古民族服饰”，模型给出多套演出服效果图，这些效果图既有蒙古袍的廓形和图案神韵，又兼具流行时尚感。比如在一款设计中，女歌手的演出服采用了蒙古长袍的高领和右衽开襟，不过下摆裁剪成短裙，整体布料运用亮片材质并绣有传统纹样，观感新颖且不失文化底蕴，演出服设计团队依据此挑选方案并细化，很快完成了最终设计。AI生成模型可辅助演出服饰的快速定制，以观众喜欢的方式将传统文化元素呈现在舞台上。

在数字藏品以及虚拟时尚展示领域，内蒙古民族服饰生成模型的运用呈现出了实用成效。借助该模型我们批量生成了一系列数字服装形象，其中有传统蒙古袍的数字3D模型以及融合现代剪裁的虚拟时装，之后尝试把其中的优秀作品制作成NFT数字藏品进行上链发行，结果显示，这些由AI生成的民族服饰数字藏品在社交媒体上受到了高度关注，不少年轻用户表达了愿意购买收藏的意愿。虚拟蒙古族礼服皮肤在元宇宙平台上架测试时受到了用户的热烈追捧，用户觉得它既有东方传统美，又有民族风格，还带有未来感，由此可见，AIGC模型给予了民族服饰全新的表达形式，开拓出数字经济时代文化产品的新类型，随着数字藏品市场与元宇宙的兴起，有民族特色的数字服饰形象有可能成为关键的文化消费品，其背后不仅蕴含着商业价值，还传播了地域文化。

在探索的过程中我们发现，AI模型的创作离不开人工的把关以及加工，虽然模型可产出质量较高的图像，然而当最终要落地成为产品或者演出服的时候，依旧需要设计师依据材质、工艺等实际方面的要求来进行调整。设计师反馈表示，在引入AI之后，他们把更多的精力投入到审美判断以及创意决策方面，而将重复性质的劳动交给AI去批量完成，这样的人机协作使得设计的效率以及效果可同时得到提升。比如在跨境电商服装设计领域，设计师首先筛选出热门的民族图案元素，然后交给AI去生成上千种变体方案，紧接着人工从中进行精心挑选并细致调整，最终几秒钟之内生成的上千种方案被浓缩为几款最为优秀的设计并投入生产，这样的实践同样证明了AIGC在民族服饰产业的应用需要与人的经验相互结合。AI可提供“广度”，人可提供“深度”，二者缺一不可。

产学研合作与平台探索

为促使AIGC技术更有效地融入民族服饰产业创新领域，内蒙古地区已然开展了一些产学研相结合的探索举措，以此为未来大规模应用筑牢根基，其中一个值得留意的方向是高校投身于图像数据标注以及设计人才培育工作。比如，内蒙古师范大学开设了“游牧美学”“人工智能与创新设计”等相关专业课程，借助系统的课程体系来培育那些既通晓民族文化又掌握数字技术的人才。这些学生在学习进程中，一方面接触内蒙古民族服饰的历史与美学知识，另一方面训练运用AIGC等新媒体技术进行创作，成为未来产业数字化发展的关键力量。高校还组织师生参与内蒙古民族服饰图像的数据采集和标注工作，构建起高质量的民族服饰语料库，以供AI模型学习使用。内蒙古地区的一些院校与企业展开合作，开展以AI辅助设计为主题的实训项目，让学生实际操作Stable Diffusion来进行服饰图案创作、LoRA微调等，加深对新工具的理解和认识。这种产教融合模式既能为企业提供珍贵的本地数据资源以及智力支持，又能让高校教学紧密跟随产业需求，培育出契合数字设计趋势的新型设计师和研究人才。

同时，内蒙古本地的科技园区以及文化创意园区都在踊跃地引入AIGC技术，着手搭建如虚拟服饰工作站之类的基础设施。当下内蒙古师范大学艺术与科技专业和服装与服饰专业联合起来，正积极推进校企合作事宜，配备了多台高性能服务器与图形工作站，并且预先安装了Stable Diffusion WebUI、ComfyUI以及各类服装设计模型，以“北疆智韵”AIGC平台为基础，供合作的服装企业以及设计工作室免费使用。设计人员可如同使用公用工具那般提交设计需求，让AI自动批量生成款式方案，AIGC图形工作站每天可自动生成2万张风格不同的服装设计图。在AI的辅助下，每张设计图的平均成本从人工设计时的50元降低至不到0.05元。尽管内蒙古的相关平台尚处于起步阶段，不过初步成果已然显现出来，这些实践为日后内蒙古搭建规模更大的AIGC服饰设计平台提供了宝贵的经验。一方面，要重视算法调优与本地数据的结合，逐步提升AI生成内容的质量；另一方面，应当充分考量设计师的使用习惯，依靠培训以及共同创作的方式，让他们信任并善于运用AI，将“智能工作站”切实融入日常设计流程当中。

政企需推动AIGC平台落地。部分文化产业园可联合高校，与国内AI龙头企业及云计算厂商合作，构建区域性民族服饰AIGC云平台。此平台可汇聚本地博物馆、服饰企业、高校的图像及纹样资源，实现数据库上云，还可部署经本地化训练的大模型，为企业提供按需调用的图像生成服务。这种模式能降低中小企业使用AIGC的门槛，使无技术团队的传统服饰工作坊借助简单网页界面用AI进行设计创作，同时可搭建含“听得到的非遗”“看得见的非遗”等模块的公共服务平台，以数字化方式呈现内蒙古民族服饰、歌舞等内容，并计划集成AI生成图像及虚拟试衣等交互功能。

高校积极参与、园区着力进行平台建设以及政府推出支持举措，这些都显示出正在积极构建多方协同的AIGC生态。把以Stable Diffusion为代表的AIGC技术引入民族服饰产业链的各个环节，这种产学研相互融合、协同创新的模式不仅为民族服饰产业的数字化转型探寻出可行路径，也为未来在更大范围、更深层次应用AIGC技术奠定了基础。

为推动内蒙古本地民族服饰企业实现数字化转型，内蒙古相关部门以及行业协会应加大对民族服饰文创企业的数字化赋能支持力度。在硬件方面，积极扶持建设区域性的服饰AIGC设计中心或者云平台，以此降低企业获取算力以及工具的难度；在软件层面，鼓励企业对服饰工艺流程进行数字化改造，构建本民族服饰纹样、版型的数字资源库，解决设计素材匮乏这一问题。开展面向设计从业者的培训活动，帮助传统工艺美术人才掌握Stable Diffusion等AI工具，提升他们的数字技能。借助政府引导以及试点示范的方式，逐步促使本地民族服饰企业普遍接受并运用AIGC技术，达成设计、生产、销售全链条的智能化升级目标。

在积极推动AIGC应用发展之际，需要同步着手建立健全人工智能生成内容的行业标准以及监管措施。一方面，可参照国家网信办的相关政策，规定AIGC创作的服饰图像在必要情形下添加数字水印或者标识，以此保护知识产权并防止不当使用；另一方面，制定民族服饰AIGC模型训练的伦理规范以及质量标准，明确应当使用经过授权的数据、避免对民族文化符号进行失真演绎等准则，保证AI创作既尊重文化原貌又符合法律法规。政府和行业可牵头搭建开放的Stable Diffusion生态应用平台，汇集各类经过验证的民族服饰模型、LoRA模块以及优秀案例，为企业和个人提供一站式服务。这样的平台不仅在技术上为产业落地提供支撑，还借助标准的制定与推广，引导AIGC在民族服饰领域稳健发展、持续前行。

积极推动高校与研究机构展开紧密协作，充分发挥高校以及科研单位所有的人才优势与科研优势，携手对民族服饰数字化与智能设计课题展开联合攻关：其一，给予本地高校设计学院与计算机学院支持，促使二者联合创建“AIGC联合实验室”，一同开发蒙古族等服饰图像生成模型，对算法给予优化，可更为出色地呈现服饰细节以及纹样特色；其二，着手开展非遗服饰数字化保护项目，组织师生针对珍贵服饰实物展开高清影像采集以及三维建模工作，在丰富训练数据的情况下，同时建立起数字档案；其三，鼓励高校开设交叉学科课程，将民族艺术设计与人工智能技术进行融合，培育出既通晓传统服饰文化又掌握AI工具的新型人才。借助科研项目合作、学生实习实践等多种方式，高校和企业应构建起长期稳定的合作机制，把最新的AIGC研究成果及时运用到产业当中，持续提升民族服饰智能化再设计的水平。

Stable Diffusion所代表的AIGC技术为内蒙古民族服饰产业创新发展带来了难得机遇，凭借对产业痛点的剖析，可知年轻化、个性化的市场需求亟需得到契合，引入智能化设计工具十分必要。从技术层面来看，Stable Diffusion及其LoRA、ControlNet、VAE等组件为服饰设计的数字化变革打下了稳固基础。在应用路径方面，多领域的拓展延伸了民族服饰的价值边界，共创机制的引入保证了文化与创意的融合，结合案例分析的经验，AIGC模型已能较为出色地完成民族服饰设计任务，不过仍需要人机协作以及产学研配合来加以完善。在发展阶段，最关键的是促使企业转型，构建标准平台，凝聚各方力量，共同打造一个开放创新的产业生态。唯有如此，古老的北疆民族服饰才能在人工智能时代呈现出新的活力，实现文化传承与产业升级的双赢。

年轻人文化认同与传播机制

要使非遗真正“活起来”，其中的关键之处在于充分调动年轻群体对于非遗的认知认同以及积极主动参与，数字智能技术恰好为达成这一目标提供了全新的方式和手段。借助AIGC生成内容的创新性传播以及共创互动平台的搭建，正逐渐建立起年轻人与非遗之间双向奔赴的机制。

AIGC所生成的内容与新媒体平台相结合，正在重新唤起年轻人对于非遗的兴趣，像抖音、快手这类短视频和直播平台，近年来涌现出数量众多的与非遗相关的内容，已然成为年轻人了解传统文化的关键渠道。越来越多出生于21世纪的年轻用户开始主动进行创作并且分享非遗主题短视频，在这些丰富多样的内容当中，民族服饰类非遗凭借其直观呈现出来的视觉美感格外受到欢迎，传统刺绣、服装秀以及改良后的汉服或者蒙古袍穿搭等视频很多可获得数以百万计的浏览量。短视频所有的碎片化、娱乐化特性被创作者巧妙地加以利用，将非遗知识融入轻松有趣的内容形式之中，让年轻观众在不知不觉中受到文化的熏陶。比如，内蒙古草原上的绣娘依靠直播来展示蒙古族刺绣的针法，观众在观看精美图案呈现的过程中，可以送出点赞以及虚拟礼物来表达自己内心的喜爱。这种弹幕互动、打赏机制有效地拉近了传承人与观众之间的距离。相关研究说明，直播以及短视频使得原本被封存在博物馆和民间的非遗走进了大众的日常生活，达成了从静态封存到活态传承的转变，年轻观众凭借点赞、打赏以及消费购买非遗产品等方式，给予了传承人经济和精神层面上的双重认同，激发了传承人进行创作的热情，坚定了他们传承非遗的信心。由此可见，新媒体平台已然成为当代规模最大的非遗传播平台，非遗正以年轻人所喜爱且乐见的数字内容形式在当下流行起来。

在民族服饰范畴之内，AIGC技术为内容创作开拓了崭新的思路，借助ChatGPT等生成模型，可迅速生成饱含文化元素的策划文案、服饰科普短文，甚至可设计虚拟人物形象。有一个颇为有趣的案例，有创作者借助ChatGPT辅助生成提示词，而后由AI美术模型绘制出了56个民族少女Q版手办形象，每个形象都身着本民族的传统服饰。生成的结果精致且可爱，在社交平台上引发了传播热潮，还被制作成贴纸等文创周边产品，成为深受年轻人喜爱的IP形象。由此可看出，AI生成的内容可以以全新的萌态呈现传统服饰元素，契合年轻用户对于文化潮玩、二次元周边的喜好，实现文化传播与商业价值的双重收获。还有人尝试运用基于Stable Diffusion微调的模型来生成各民族服饰的插画图鉴，以供设计师和爱好者参考。这些由AIGC产出的图像内容，一旦借助短视频、微博、B站等渠道发布，很容易在年轻族群中引发话题，引导他们主动去了解背后的文化。许多网友在看到AI绘制的蒙古族华丽服饰图后，会留言惊叹其美感并询问其文化背景，这实际上已经起到了科普传播的作用。另外，数字虚拟人可以被赋予民族服饰造型，在直播中教授民族舞蹈或者讲解服饰故事，以拟人化的方式拉近年轻观众与非遗的心理距离。这种将非遗IP人格化的方式，容易培养粉丝黏性，在潜移默化之中提高年轻一代的文化认同。

共创式互动平台为年轻人参与非物质文化遗产提供了发挥空间。在传统观念里，非物质文化遗产的保护主要是专家和传承人的职责，普通年轻人缺少参与的渠道，现在借助数字平台，可设计各类让用户直接动手操作的互动项目，促使他们成为非物质文化遗产内容的创作者。比如可以开发一款内蒙古民族服饰设计小游戏，提供传统服饰的部件以及纹样素材，让用户自由进行搭配，创造出“我的蒙古袍”并分享展示。用户的创作是对非遗元素的学习过程，同时也丰富了数字资源库，如果把优秀用户作品反馈给非遗代表性传承人或者专业设计师以供参考，甚至邀请部分用户参与联合设计，那么大众就真正成为文化再生产的一部分，实现非物质文化遗产的众创共制。在实践当中，抖音等平台已经举办了“非遗创意搭配大赛”“民族服装穿搭秀”等活动，号召网友上传相关内容，并且依据用户点赞热度评选出优胜者。这极大地调动了年轻人的参与热情，而且依靠数据反馈帮助我们了解年轻群体对非物质文化遗产服饰的审美偏好以及创意想法。例如，在某民族服装搭配挑战赛中，参赛视频累计播放量达到数十亿次，点赞最多的是将蒙古族传统服饰与现代街舞相融合的创意短片，这显示出年轻一代喜爱传统与潮流融合的表达方式。据此，我们可依据数据调整人工智能模型的训练目标，让生成的服饰设计更加贴近年轻人的审美取向。

用户消费行为本身也在推动非遗的市场转化，借助短视频直播，不少非遗服饰的衍生产品可在线上直接售卖，实现产业收益。例如内蒙古有位绣娘在抖音开设店铺，在直播里展示蒙古族刺绣挂件的制作流程，吸引了众多年轻人前来购买，使得原本小众的非遗手工艺品快速销往全国。再如杭州有位油纸伞非遗代表性传承人入驻抖音后，仅第一个月就卖出价值10万元的油纸伞，这一销量等同于过去多年线下销量的总和。当代年轻消费者并非漠视传统，相反，如果渠道合适、形式新颖，他们愿意为非遗产品付款，这种消费行为反过来又提升了非遗从业者的信心并增加了收入，吸引更多年轻人回乡学习技艺。在内蒙古民族服饰领域，也能看到类似情况：蒙古族刺绣产品借助电商走向国内外市场，2018年科尔沁右翼中旗的蒙古族刺绣还登上了巴黎和米兰时装周的舞台，传统刺绣成为脱贫致富与文化输出的双重纽带。可以预料，随着AIGC降低设计门槛、短视频拓宽传播渠道，一个以年轻用户为主导的非遗生态正在形成，他们是内容的消费者，是生产者与传播者，在互动中加深了对本民族文化的认同，达成了非遗保护的“活态化”。

理论探索与政策建议

根据上述分析内容，可从更高层面思考数字智能时代非遗保护的价值转化机制以及文化再生产逻辑，提出相应政策建议。从理论角度而言，数字技术参与非遗保护，实现了文化价值向经济价值以及社会价值的转化，内蒙古民族服饰作为文化载体，其价值不仅体现在美学和人类学意义方面，还可借助数字化手段激发出其经济潜能。在传统语境里，非遗大多被视作需要保护的“文化基因”，较少探讨其发展利用情况。数字时代的特性是价值创造，通过对内蒙古民族服饰开展数字化存储、虚拟展示以及创意再生产，把其文化内涵转译为现代语汇，使更多人可欣赏并消费这一文化产品。就像有学者指出的，非遗的历史、社会、审美价值正借助数字化技术实现高质量传播，同时数字化也为包容性经济发展创造了条件。内蒙古民族服饰文化可借助数字平台衍生出多种业态，比如数字博物馆展览、文创产品开发、游戏动漫形象、旅游演艺等，这些均是传统文化在当代语境中的再生产形式，其背后的逻辑是“创造性转化、创新性发展”，也就是在保留民族特色精髓的前提下，运用创新创意赋予其新的生命力。这种文化再生产并非对传统的背离，而是一种延续，每一件基于蒙古族纹样的新潮服装、每一个数字化再现的蒙古族服饰角色，都是传统文化基因在新环境中的繁衍，借助数字技术这一“助产士”，内蒙古民族服饰文化得以突破时间和空间的限制，持续被生产和传播，巩固文化认同，增强文化自信。对于多民族文化交融的中华文化整体来说，这种各民族优秀文化的活化可构筑起中华民族共有的精神家园，数字非遗保护并非要把文化“封存”起来，而是注重文化的动态生产，让传统在现代生活中以新的形式呈现，形成“现代—传统”循环共生的文化生态。

在这一理念的指引下，我们给出如下政策方面的建议，以此来促进内蒙古民族服饰非遗朝着数字化转型的方向发展，并实现可持续发展。

• 着手构建起跨机构协同合作的非遗数字化平台以及联盟。政府需要发挥主导性作用，联合文化、科技、教育等相关部门以及高校、企业，共同搭建内蒙古非遗数字平台。如成立以自治区作为牵头单位、各盟市参与其中的“内蒙古民族服饰数字化保护联盟”，将各方的资源以及数据进行整合。当前已经存在借助政府扶持搭建国家级少数民族文化数据库的政策意见，具体到内蒙古民族服饰而言，可以申请设立专项资金，依靠内蒙古大学等高校以及文化研究机构，开发面向社会大众的内蒙古民族服饰数字博物馆以及创意平台。该平台应当有数字资源存储、学术研究、大众教育、设计交易等多种功能，一方面要提供有权威性的数字化资料查询服务，另一方面要为设计师和开发者开放API接口以及二次创作空间。这样的模式要求各参与方明确各自的分工：高校科研团队负责标准的制定以及技术攻关工作，文化馆和博物馆提供藏品方面的资料，企业在技术实现以及市场拓展方面投入力量，政府则在政策以及资金方面给予保障。凭借跨机构之间的协同合作，形成“产学研用”的闭环，避免各自为政造成资源浪费，打造出一个可持续运营的非遗数字生态。

• 优化人才培养体系，培育“双通”复合型人才。数字智能转型最终需依靠人来实现，当下非遗代表性传承人和从业者欠缺数字科技背景已成为阻碍，故建议在高校以及职业教育里增设交叉学科专业，像内蒙古大学已开设“蒙古族文化数字化保护与传播”本科专业，培养既知晓民族文化又掌握现代技术的复合型人才。这类专业应持续获得政策扶持与推广，还可在区内职业院校设置“非遗数字设计”“数字服装工艺”方向，针对蒙古族刺绣、服装制作的传承人开展专项培训，使其掌握数字化拍摄、3D建模、短视频制作等技能。鼓励高校与地方文化机构共同搭建民族文化数字化实验室，为学生和传承人提供实践平台。借助这些举措，逐步培育出一批能把非遗与数字技术融合运用的青年人才，让他们成为非遗数字转型的核心力量。应构建传承人数字能力提升激励机制，比如对积极投身数字化工作的传承人给予经费和荣誉支持，推动“文化老人”与“数字新人”协同合作，促进经验与技术的代际传承。

• 推动民族语言与中文双语资源的建设工作。内蒙古民族服饰作为民族文化的关键承载形式，其数字化保护无法脱离蒙古语环境。建议拨出专项资金来建立“蒙古语—汉语双语非遗语料库”，对内蒙古民族服饰志进行整理，把历史渊源、工艺流程、服饰名称等信息以双语形式呈现出来，在数字化之后纳入数据库。这样做有利于保存蒙古语非遗话语体系，避免在数字化过程中因文本仅为单一汉语而致使文化细节出现流失情况。双语语料对于日后训练可支持蒙古语的AI模型很有帮助，可为蒙古族群众提供服务。在政策方面，可以鼓励民族语文工作部门与科技部门展开合作，支持蒙古文信息处理、机器翻译在非遗项目中的运用，实现数字平台界面以及检索的双语切换。在人才和经费方面，应当给予倾斜，招募那些既精通蒙古语言文化又有IT背景的人才参与到这项工作当中，借助双语语料体系的构建，既方便蒙古族民众获取本民族服饰的数字信息，又可向外界展示中华民族文化的多样性特点。建议将此纳入国家文化数字化战略的一部分，推动各民族语言文化实现数字层面的繁荣发展。

• 推动非遗数据实现开放共享以及社会化利用。政府需要制定非遗数字资源开放方面的指导原则，在充分尊重知识产权的前提下，切实提高数据的利用效率。具体而言，可以建设内蒙古非遗开放数据仓库，把非涉密且非敏感的内蒙古民族服饰数字资源面向公众以及企业开放以供下载，如纹样图案素材、3D模型以及图片，在获得授权的情况下供设计创新使用。鼓励博物馆把数字藏品用于开发数字纪念品、NFT等新业态，对于运用开放数据开展二次创作并且取得成功的企业或者个人，可以给予表彰以及适当奖励，以此形成良性示范效应，这事实上与国家所倡导的“推动非遗资源共享，促进非遗融入现代生活”相契合。还应当建立数据确权以及收益分配机制，对于开放数据所带来的商业收益，可以按照一定比例返还给原始资料提供者，激励他们持续提供高质量的数据。在法律层面，建议完善关于非遗数字资产的版权以及专利政策，明确数字化非遗产品的产权归属，为数据开放清除障碍。

• 支持开展基于开源模型的本地化非遗AI研发工作。当下人工智能领域的开源模型呈现繁荣态势，应当充分借助开源社区所取得的成果，来推动本土非遗AI模型的发展，建议科技部门专门设立专项，为研究机构提供资助，使其针对像Stable Diffusion、GPT等开源模型，开展蒙古族非遗方向的二次开发工作。比如训练“蒙古族服饰图像生成模型”“蒙古族刺绣花纹自动上色模型”以及“蒙汉双语非遗问答模型”等，这些模型需要结合内蒙古本地的数据以及需求，在本地硬件上进行优化运行。还可联合周边拥有蒙古族文化的各地区，共同构建模型并共享参数。开源模型有降低研发成本、避免从零起步的冗长周期的优势，而且其成果可回馈社区，吸引更多开发者参与改进。凭借这样的方式，可以打造出一系列服务民族文化的AI工具。比如，一个开源的内蒙古民族服饰图像生成模型可供所有设计师免费使用，在全社会推广蒙古族美学元素。政策方面应鼓励开源开放，减少对技术封闭的担忧，并且为研发团队提供计算资源支持。从长远角度看，这会形成内蒙古在“AI+非遗”领域的核心竞争力，树立全国示范。

• 完善文化和产业融合的保障举措。非遗数字化还需要兼顾文化保育与创新利用，政府应从政策角度构建文化与产业良性循环的保障机制。一方面要秉持文化导向，避免在数字化、商业化进程中出现非遗内容失真、过度商业炒作等情况，可以成立专家委员会，针对关键的内蒙古民族服饰数字产品开展审查指导，把控正确的文化内涵方向。另一方面要大力扶持非遗的产业化，使其可持续运营，对与内蒙古民族服饰相关的数字文创企业、小微工作室，应在税收、信贷等方面提供优惠政策，设立创业基金或者产业园区，降低它们的创业成本，支持传统服饰制作工作坊与电商平台合作，拓宽线上销售渠道，推动非遗进入景区、社区，发展以民族服饰为主题的文旅项目，丰富消费场景。政府部门可定期举办民族服饰数字创意大赛、博览会，搭建展示交易平台，帮助创意成果对接市场。凭借这一系列举措，形成“文化传承—数字创新—产业转化—反哺保护”的闭环，文化提供素材，数字化提升影响力，产业化带来收益，这些收益部分用于资助文化保护和传承人生活，实现非遗保护的自我造血。

数字智能技术给内蒙古民族服饰与非遗的保护、传播以及产业化发展带来了广阔前景。从研究背景来讲，能认识到非遗传承存在困境，同时也有数字化带来的契机；在建设路径方面，以数据作为根本，优先推行标准，打造出开放且协同的平台；在技术应用领域，像AIGC等AI手段重塑了服饰设计以及传播的方式；在语料资源范畴，双语高质量语料以及知识标注是关键所在；在传播机制上，年轻人的共同创作以及社群参与让非遗重新拥有生机；在理论政策层面，强调价值转化以及可持续发展的系统规划。内蒙古民族服饰的数字化进程，不只是一个地区文化的转型探索，也是中国非遗数字化保护的典型代表和前沿方向。只要政、产、学、研各界一起努力，秉持尊重传统且勇于创新的原则，就有理由相信，古老的内蒙古民族服饰文化一定能借助数字智能获得更好的发展，飞向更广阔的未来，在新时期绽放光彩。

第5章

民族服饰人工智能创新与产业化人才的需求与培养

5.1 内蒙古地区民族服饰创新及产业人才现状

内蒙古地区的民族服饰产业是以蒙古族传统服装为典型代表的，其拥有极为悠久的历史以及十分丰富的文化内涵，属于自治区极为关键的旅游文化符号之一。当下内蒙古以及周边地区已经构建起了以锡林郭勒盟、赤峰市、呼和浩特市等地作为主要阵地的民族服饰产业体系。以赤峰市巴林右旗为例，当地以内蒙古民族服饰、民族饰品为主导的手工艺品产业，其年产值已达到2亿元。在呼和浩特、锡林郭勒盟等地举办了多届蒙古族服装服饰艺术节等节庆活动，吸引了来自国内外的上百支代表队以及超过千名的设计者参与其中，这充分体现了服饰产业在文化旅游里的地位以及影响力。另外，内蒙古在推动节庆品牌化方面也收获了一定的成效：自治区政府已经把蒙服艺术节打造成为草原旅游品牌，每年都会举办多场展示活动，让民族服饰成为游客了解草原文化的一个关键窗口。然而这一产业链还存在着多个瓶颈。一方面，生产模式主要是以手工以及小批量制作为主，制造成本比较高，而且效率还很低，这对于规模化市场推广是不利的。传统工艺的复杂程度使得服饰很难在短时间内进行大规模的复制，销售渠道大多集中在本地市场，很难拓展到全国甚至全球市场。另一方面，从原料供应一直到设计研发，产业链支撑体系并不完善。现有研究表明，需要对产业链各个环节进行完善：扩大优质面料与配饰生产基地的建设规模，加大资金扶持力度，引入科技创新元素，培养设计、工艺与管理等复合型人才。技术创新不足也是一个制约因素，目前本地企业的技术含量不高，并不能凭借新技术来提升产品的附加值。整体来看，内蒙古民族服饰产业有深厚的文化以及旅游价值，但是在产业化发展过程中需要加强技术研发以及市场运作能力，去破解生产成本高、渠道狭窄、产业链配套薄弱等诸多难题。

当前服饰设计与制造产业呈现出对多学科人才有着强烈需求的态势，内蒙古的高校已经开设了相关专业来培育设计以及工艺方面的人才。内蒙古师范大学设计学院的“服装与服饰设计”专业秉持“扎根于多元民族文化、融入时代科技创新、服务区域社会发展”的办学理念，以便培养具有国际视野、拥有创新设计能力的高级应用型人才。2022年，内蒙古艺术学院还尝试推行面向边疆民族服饰产业的“三四四”人才培养模式，收获了创新型教学成果。另外，内蒙古工业大学轻工与纺织学院作为自治区唯一的纺织服装类工科专业学院，被设定为民族地区纺织服装高层次人才培养以及科技创新基地，可为行业输送工艺和制造方面的专业人才。

当下人才供需呈现出结构性矛盾，传统民族服饰工艺传承大多依靠口传以及师徒制，系统化教育体系并不完善，年轻一代专业从业者数量相对较少。在高等教育领域，除设计专业之外，智能制造、数字设计、AIGC等新兴方向的人才培养开始得比较晚，本地院校在这些交叉领域的师资力量和课程设置仍有待加强。从地理分布来看，呼和浩特、包头、通辽等城市因为高校集中以及经贸方面的优势，成为人才汇聚中心，赤峰、鄂尔多斯等地有一定传统服饰文化基础，不过综合培养能力相对欠缺。在专业结构方面，传统工艺型人才以及现代管理、市场运营人才都很短缺，据调查，高校毕业生和职业院校学生中，专门从事民族服饰设计与制造的人数所占比例较低，并且多数徒工和刺绣匠师仍集中在城郊和牧区。现有人才培养体系已经初步构建起来，然而在数量、层次、能力与产业需求之间依旧存在明显差距，亟需借助优化专业设置以及强化产教融合来弥补。

对于上述提及的各类问题，需要推动民族服饰产业与智能化以及数字化实现协同发展，可以构建数字化创新平台，把民族服饰设计、生产以及营销等诸多环节连接于“一张网”之上，可借鉴内蒙古非遗公共服务平台的方式，打造服饰元素数据库以及在线设计平台，实现服饰纹样、款式等非遗资源的数字化加工以及共享。运用三维建模、VR/AR技术还原传统服装细节，以供设计师与消费者进行互动体验。高校应当推进课程以及教学模式的改革，引入智能制造与AIGC等前沿技术，比如可以开设“服饰与智能制造”“数字文创”方向的实验班，鼓励学生运用算法生成民族纹样或者依靠虚拟仿真技术创新服饰工艺。另外，在园区经济和产业园区层面，可设立以民族服饰为主题的文化创意园或者产业孵化基地，鼓励服饰设计、纺织、文化旅游企业入驻，形成研产销联动效应。在政策方面，应当充分借助“数字中国”“文化和旅游部数字文化产业发展意见”等国家战略，建设数字文化“双创”服务平台，支持各类孵化器、众创空间服务民族服饰领域的创新创业。结合国家特色小镇和博物馆文创改造计划，将民族服饰非遗项目融入博物馆和旅游景区运营，既丰富旅游产品，又为传承人和工匠提供稳定的就业渠道。借助智能化平台建设、高校专业改革、园区驱动和区域协同等一系列措施，可优化民族服饰产业的人才供给结构，在“数字中国”“非遗数字化保护”“创新创业”等大背景下，内蒙古及周边地区有把民族服饰这一文化资源优势转化为新增长点的条件，政府和产业界应当抓住政策机遇，加快搭建创新体系，促使民族服饰产业与现代科技深度融合，实现可持续发展和文化传承的双重目标。

内蒙古民族服饰智能化转型背景下的人才需求与产业发展

内蒙古自治区有深厚的民族文化底蕴，其中内蒙古民族服饰作为草原文化的关键载体，有着独特的现代经济价值以及发展潜力。然而当前内蒙古民族服饰产业生态并不完善，产业链条较为薄弱，缺少成熟的服装设计、生产以及市场体系。随着数字技术与人工智能的快速发展，服装产业正加快朝着数字化、智能化方向转型。在这样的背景下，内蒙古地区的服饰产业面临着“技术供给”以及“人才供给”不足的挑战。我国纺织服装行业正在经历智能化升级，AI技术逐渐从研发向生产端渗透，但是“AI+纺织”复合型人才的短缺限制了企业的技术创新能力，全国范围内智能纺织人才不足的现实在内蒙古同样存在。

高校在服装设计人才培养方面，存在过度看重传统绘画设计，忽略工艺以及技术应用的现象。全国服装专业人才培养一直以来都存在着重绘画轻工艺、重设计轻制版、重理念轻实践的情况，这种培养理念在内蒙古也是如此，导致毕业生理论知识偏多但实操能力欠缺，与产业需求相脱节。一方面，企业对于技术人才的需求缺口极大；另一方面，民族地区的信息化基础相对比较薄弱，前沿技术知识在边远地区的传播不太顺畅，使得人才培养和市场需求之间出现了“断层”。而且民族传统工艺的传承人和年轻设计师在价值观以及方法论上存在代沟，一批非遗代表性传承人习惯用传统手工方式，而年轻设计师更倾向于快速迭代的数字创意工具，这种代际差异让创新转化存在险阻，很多大学生对本土文化认知不足，致使非遗研究以及制作技艺“后继乏人”。因此，我们急需在文化传承与现代教育、技术之间搭建桥梁，提升青年一代对本民族服饰文化的认知以及创新能力。

人才需求与智能产业融合需求

民族服饰的智能化转型涉及服饰设计、工艺、技术以及文化等多方面的深度融合，其人才需求呈现出多样且跨学科的特点。在数字化采集以及数据库建设这两个方面，需要纺织工艺、计算机视觉、三维建模等领域的技术人才。以服饰的数字化采集为例，工艺学家和数据库工程师需要相互协作，把传统内蒙古民族服饰的纹样、结构等相关信息进行系统化的数字化存储，以此为智能设计提供“数字底本”。在数据标注与建模这个环节，需要大量的图像识别与标注人才，已有项目构建了包含55个民族服饰类别的数据集，其中内蒙古民族服饰图像有69张，像这样的数据集，需要图像标注师、数据工程师等对服饰图像进行精细标记，为AI模型训练提供基础。在AIGC生成与多模态设计领域，也需要人工智能算法工程师和艺术设计人才共同合作。现有研究显示，采用对比语言—图像预训练模型和扩散模型等技术，可将传统服饰特征迁移到现代设计当中，这就要求人才既要熟悉Stable Diffusion、LoRA、ControlNet等前沿技术，又要能理解内蒙古民族服饰的文化符号，把“历史考证过的图片、文字资料”与现代美学相结合。另外还需要语言学人才参与进来，将蒙古语和汉语的历史文本、纹样解释转化为可供AI使用的提示词和属性标签，实现在多模态条件下的智能生成。

未来民族服饰产业智能化转型所需的关键人才主要有以下类型。

• 跨领域设计师是既掌握了传统内蒙古民族服饰元素，又有数据思维以及AI工具应用能力的“复合型设计师”，他们可以借助AI来进行设计创意，同时还可以理解服饰的文化内涵以及工艺标准。

• 数据标注与分析人员是精通计算机视觉且熟悉服饰图像和纹样的专业人士，其职责是负责民族服饰图像数据库的标注与构建，为AIGC模型提供高质量训练数据。

• AIGC算法工程师是掌握深度学习、多模态模型的技术人才，可针对少数民族服饰特点对大型预训练模型进行微调和细化。

• 传统工艺专家与信息化传承人是既熟悉民族刺绣、剪裁等传统工艺，又愿意学习数字技术的手工艺传承者，他们在数字化流程中能提供第一手的手工艺经验，指导如何把细节特征注入智能模型。

• 文创营销与文化研究人才是了解蒙古族历史、符号学以及消费者需求的文化营销人才，可将技术成果转化为以市场为导向的文创产品，强调现代消费者对服饰“面料、实用功能、历史传统、文化深度、纯手工制作”等要素有着多样需求。

• 政策与平台运营专家是负责构建孵化平台、赛事活动、线上社区的管理者以及能牵线国际资源的专业人才，能支持民族服饰智能化项目的落地与人才交流。

这些人才在设计、技术、艺术、语言、算法等多个领域存在交叉，他们的缺口非常明显。一方面，传统服饰设计人才大多缺乏技术驱动的思维；另一方面，ICT领域人才对民族文化了解不够。在内蒙古民族服饰智能化的产业链各个环节，如数字样式提取、素材数据库构建、AI样式生成等，都急切需要上述复合型人才来填补。

高校人才培养与产业适配机制

当下高校教育和内蒙古服饰产业的实际需求之间呈现出较为突出的错配状况：其一，学科结构较为单一，理论和实践相互脱节，全国范围内的服装教育普遍存在着重理念而轻实践的现象，在民族地区这种情况表现为更注重美学设计，而轻视民族学以及科技应用，高校课程当中缺少结合民族元素的专业内容；其二，跨学科融合程度较低，传统艺术与信息技术之间的学科壁垒尚未被打破，高校大多时候欠缺将美学、民族学与人工智能技术相结合的教学团队以及课程体系。高校人才教育应当让学生与时代发展相契合，把作品转化成产品，将资源转化为资本，这突出了理论研究与产业应用需要密切合作的重要性。为了化解供需错配的问题，高校需要在人才培养模式方面进行创新。

• 改革课程体系：在服装设计专业里面融入民族服饰学、非遗工艺以及人工智能基础等相关课程，以此打破那种“画图纸却脱离缝纫机”的传统教学模式，可以参考武汉纺织大学的经验，该校“文化筑基+专业强化”的课程矩阵借助开发“AI+纺织”交叉课程，达成了纺织文化与数智技术的融合。该校所开设的虚拟仿真实验课程，如汉剧服饰虚拟仿真实验，就是典型的实践案例，能让学生借助全息影像、智能建模来学习传统服饰知识。

• 构建产学研合作平台：加强与本地服装企业以及文化机构的合作，引入一种新的授课模式，即由工匠和工程师联合授课，比如可邀请蒙古族非遗代表性传承人以及数字技术专家一同对项目加以指导，引领学生在真实的场景当中开展民族服饰数字化设计与生产方面的工作。

• 加强文化认知教育：推进民族学、美学与专业课的通识教育，例如开设内蒙古民族服饰与文化模块，让学生理解服饰的社会功能，这将增强学生对本民族服饰符号学的认知，为创新设计提供文化支撑。

• 激励创新创业教育：设立针对民族服饰的创新设计大赛、孵化基地，鼓励学生创作和商业实践。高校可模仿职业教育的“校企联合学徒制”模式，让学生在企业实训中掌握生产技术，提高实践能力。

通过以上措施，高校可以在基础美学、民族工艺与人工智能之间构建协同育人机制，培养既了解传统又掌握前沿技术的复合型人才。

地方政策与园区推动机制

地方政府以及产业园区可借助政策激励以及平台建设，促使相关人才的引进培育以及本地化训练体系得以构建，产业政策以及资金支持是十分必要的。这一目标为民族服饰数字化指引了政策方向，政府可制定专项人才政策，对于引进和培养服饰AI人才给予补贴以及奖励，比如内蒙古“创业行动方案”提出为海外高层次人才开通“绿色通道”，支持留学人员在区内创建创新型企业，这样的举措可针对文化创意人才进行推广。园区与平台建设是承载产业发展的关键载体。在全国层面，鄂尔多斯现代羊绒园被认定为第四批纺织服装创意设计示范园区，这标志着国家对内蒙古特色纺织产业与设计创新相结合的支持。类似地，可在呼和浩特、赤峰等地规划民族服饰文化科技产业园，引入智能制造企业、3D打印、AR/VR技术公司等，形成产学研一体的创新生态。自治区已经建设了“非遗内蒙古”数字公共服务平台，借助数字技术将非遗进行公开展示，该平台受到文化和旅游部文化艺术研究项目的支持，显示出国家层面对文化科技融合的重视，此类文化科技融合平台可与服饰产业园协同合作，让青年设计师和传承人参与数字非遗策划，借助VR/AR数字博物馆等渠道开展虚拟展览和体验，实现文化传承与产业研发的相互促进。政府借助产业政策引导、财政专项支持以及人才激励措施，配合园区平台的建设与对接，可有效地形成“文化与科技+产业+人才”三位一体的推动机制，为内蒙古民族服饰智能化转型提供制度保障以及实践空间。

5.2 面向民族服饰创新需求的跨学科人工智能人才培养与课程体系建设

将“教育链—人才链—创新链—产业链”的四链耦合作为总体思路，针对内蒙古及周边地区民族服饰在数智化转型中的结构性挑战展开研究，调研说明，传统工艺的作坊式生产、院校培养的学科封闭以及工具化学习，再加上产业端小批量与高成本的特性，一同导致了设计研发周期长、转化效率低且市场拓展乏力的问题。面对数字中国与非遗数字化战略，解决办法并非单点技术的“嫁接”，而是依靠文化语义—数据资源—算法模型—场景转化的系统性重构，重塑供给侧的能力结构与协同机制。

民族教育的未来改革趋势与模式：从“班级授课制”到“能力画像制”

开设专业化小班的目的是将教学从“平均主义”转变为“差异化深耕”。在高校的相关专业当中，建议把核心工作坊课程全面转变为约20人的小班教学模式，借助“导师群+工作坊+驻场专家”这样的形式来实现密集型指导。小班制不只是单纯地减少人数，而是经过分层定位形成三条能力路径：设计创意主路径，是以服饰符号学、材料工艺、视觉叙事作为核心内容，再叠加Prompt工程以及扩散模型人机共创；技术工程主路径，是以数据工程、模型微调、MLOps（机器学习运维）作为核心要点，再叠加图像标注、知识图谱以及文化语义约束；产业转化主路径，是以产品管理、品牌与供应链、文旅/游戏/虚拟时尚转化为核心部分，再叠加IP治理与合规。小班制的价值体现在个体化能力画像方面：借助“入学诊断→中期画像→毕业画像”这三个阶段的评测，动态匹配课程难度与项目挑战，防止出现“一刀切”的情况。

模块化与贯通式培养打破了“院系边界”。对于“跨学科难”这一长期存在的痛点，可采用“主干+选修簇+场景课题”的模块化课程图谱，主干包括民族学与服饰学、游牧美学、AI与数据素养、数字人文方法、职业伦理与知识产权，选修有AIGC与生成式设计、3D数字孪生与仿真、语料项目与双语NLP、交互媒体与虚拟时尚、文化品牌与运营，场景课题是与文旅、游戏动漫、时尚品牌、博物馆共创的真实课题，依靠比赛促进学习和研究。模块化能让不同基础的学生借助选修簇重新构建个人能力结构，成为“π型人才”或者“M型人才”。教学组织方式为Studio（工作坊）+CDIO（构思→设计→实现→运作）+PBL（项目式学习）的“三螺旋”，Studio按照“问题提出→方案迭代→评审公开”逐步进行，保证每两周有可视化进度，CDIO贯穿从概念到运营的整个流程，PBL以“真实问题”引导学习，避免“工具学习即终点”。“三螺旋”与成果导向教育相契合，毕业要求以可验证产出界定，如模型权重、数据集卡、开放报告、产业化样机等。

问题场域与结构性矛盾：从“文化丰度”到“能力赤字”的断裂

以内蒙古为典型代表的北方民族地区，一方面有着高度凝练的服饰文化传统，另一方面却面临着产业与人才这两方面的缺口，这种情况主要体现为四个层面的结构性矛盾。

• 首先是文化资源与产业形态之间存在错位现象，内蒙古民族服饰的纹样谱系、礼制语境以及工艺谱系有很强的可计算性与可设计性，然而在现实当中，其主要依托手工作坊以及节庆展演来承载，很难形成稳定的工业化与品牌化供给，出现了“文化丰度—产业稀薄”的反差状况。

• 其次是前沿技术存在时滞效应以及知识流动存在地域摩擦，民族地区的技术传播链条相对较长，新一代生成式人工智能，如扩散模型、可控生成与三维仿真，在教育系统与产业系统的落地速度明显比一线城市要慢，产生了“技术已到—能力未至”的断层情况，是高校人才培养与产业需求的耦合不够。

现有的服装与服饰设计专业大多侧重于视觉创意与工艺习得，而对于数据治理、模型微调、文化语义约束和产业转化的系统训练不足，造成了“懂文化不懂算法、懂算法不了解语境、会设计不知生产”的三重“剪刀差”局面。

最后是代际与职业身份的认同存在张力，青年设计师面对复杂的工具生态与碎片化的行业入口，缺少清晰的介入路径，年长的工艺传承人对技术中介持审慎甚至保守的态度，担心技艺被“去灵魂化”，形成了“青年缺路、前辈缺信”的协作困境。

在这样的背景下，单点技术补丁无法起到有效作用，最关键的是将文化、数据、算法、产业这四个要素重新组合成一条有高一致性、可追溯、可产出的新型价值链，并且依靠区域政策与园区平台给予外部性支持。本书依据此情况提出以“智能方向—产业方向”的双轴定位作为纲领，论证人才需求画像与培养路径，探讨学科建设与政策护栏的共生框架。

智能方向与产业方向：从“并置”走向“一体化”的功能再造

所谓“智能方向”，并非简单罗列技术清单，而是依据民族服饰价值创造所需，对关键能力域给予重构，其核心涉及两条逻辑线索：一条是“数据—模型—评测—治理”的技术主要脉络，它的作用是把服饰对象的形、色、纹、意转化为可进行计算以及生成的语义资产；另一条是“语料—语境—礼制—伦理”的文化主要脉络，它用来保证模型有可控性以及输出的正确性。前者着重于扩散模型的少样本微调、LoRA的轻量迁移、ControlNet的结构可控性、CLIP的跨模态校对以及三维仿真与虚拟试衣的物理一致性，后者着重于蒙汉双语的术语对齐、纹样本体与知识图谱的可检索性、礼制禁忌与象征语义的可约束性、数据来源与授权的可追溯性。这两条主要脉络并非平行运作，而是在“文化一致性—视觉质量—产业可用性”的多目标优化过程中相互关联，形成民族服饰AIGC的技术语法。

“产业方向”的关键意义在于将智能成果引入实际的使用场景当中，使其不仅局限于服务展演与展示，还可进入服装制造、文旅场景、游戏动漫、虚拟偶像以及沉浸式商业等多个端口市场。与传统的那种“从美术到样衣”的单线程模式不一样，新的路径着重强调“多端分发”的生态化思维：同一套内蒙古民族服饰的数字资产，可在电商小单快反中转变为有限批次的成衣，在景区与博物馆借助AR/VR变成互动体验，在游戏引擎里成为皮肤与饰件，在短视频与直播电商中转化为传播素材以及销售线索。这样一来，智能方向提供了“可计算与可控”的能力基础，产业方向提供了“可复制与可交易”的场景载体，二者的结合决定了人才结构的重新调整。

构建人才需求画像：角色—能力—层级的立体谱系

内蒙古民族服饰的智能化与产业化对于人才的需求呈现出一种“角色多元、能力叠加、层级递进”的谱系结构，在角色这一维度上，迫切需要形成五类关键岗位的稳定供给。

• “文化—算法双通”的创意科学家，这类人员可将纹样体系以及礼制语境转译为数据结构与生成约束，让模型输出与文化语义保持较高的一致性。

• “数据—工艺双通”的数字工匠，他们既能开展高质量图像与三维数据的采集治理工作，又理解袍服结构、材质肌理与工艺流程，以此保证数据真实且可用。

• “模型—产品双通”的AI服饰工程师，他们熟练掌握少样本微调与可控生成技术，能把LoRA权重、提示词模板与ControlNet约束封装成可复用的产品部件。

• “三维—运营双通”的虚拟时尚策划，他们可在UE/Unity等实时引擎中完成展演叙事与互动转化。

• “法务—品牌双通”的文化资产经理，负责处理授权、确权、分成与合规等事务，建立可持续的商业治理机制。

在能力维度方面，要求从文化语义、数据工程、生成算法、三维仿真、材料工艺、品牌与渠道、法务与合规这七个域中实现多域叠加，形成“π型”与“M型”人才结构，避免出现“单线条能手”的脆弱情况。在层级维度上，需要“基础型—复合型—领航型”的梯度供给，基础型人才保障生产的韧性，复合型人才实现跨域协作，领航型人才承担标准制定、方法创新与生态组织的职责。

面对当下“高校供给不足、产业入口模糊”的实际情况，最为紧迫的并非数量上的扩张，而是质量结构方面的矫正，也就是说，人是稀缺的，然而更为稀缺的是那些可在文化正确性与工程实用性之间进行权衡取舍的关键主创者，人才画像的清晰明确，本身便是培养与引进得以开展的前提条件。

高校人才培养路径与产业的耦合关系：从“课程堆叠”到“能力契约”

在不详细阐述课程细目以及平台细节的情况下，可从目标、过程以及评价这三个方面，描绘出高校与产业之间的功能契约。

• 在目标方面，高校并非仅仅将传统学科的“内容完备性”当作唯一的追求，而是把“可验证的产出物”以及“可迁移的能力栈”作为共同目标，也就是借助模型权重、数据说明卡、语义本体、虚拟样衣以及法律文本等可交付的成果来评判学习与研究的成效。

• 在过程方面，学院与产业的关系应当从“外联协作”转变为“联合议题”，即围绕产业实际存在的痛点，共同提出带有研究边界的问题领域，让学术探索与商业应用可在相同场景下推进，以此避免出现“学校做作品、企业做产品”这种相互脱节的情况。

• 在评价方面，学术标准与产业标准应当形成可相互对照的指标体系：学术上注重方法论以及可复现性，产业上注重质量、效率以及合规，二者凭借“文化一致性指数—视觉质量指标—场景可用性评分”这种多维量化指标进行衔接，达成“双重合格”。

这种“能力契约”逻辑的本质是将高校从“知识传授中心”转变为“区域能力编译器”，在内蒙古地区，甚至包括环渤海以及京津冀的辐射区域，高校的社会功能应当体现为把分散的文化片段、技术碎片以及场景碎片，编译成地区层面的创新能力，借助产业渠道释放为可量化的增长。

地方政府与园区：以政策与空间塑造人才融合体系

人才和产业的耦合并非可自动达成，而是需要制度以及空间的双重支撑，就自治区和盟市层面来讲，至少有三种可行的政策着力点。

• 公共数据与公共模型的制度供给。由文化和科技主管部门牵头，构建面向内蒙古民族服饰的公共数据集以及可授权的基础模型，明确数据的来源、授权范围、敏感边界以及水印标识，以此解决“小体量—高门槛”的训练难题。公共资源的开放，不仅可降低初创团队以及高校团队的进入成本，还可以让文化语义的“正确性”拥有统一的参照点。

• 算力券与微基金的财政手段。相较于传统制造业的设备补贴，AIGC 更需要灵活的小额算力券以及研发微基金，用以支持高校和中小企业持续优化模型与语料，形成“低成本—高频次”的试验节奏。

• 标准与合规的软性基础设施。围绕纹样使用、礼制场景、民族禁忌、跨境传播等要素制定地方指南，鼓励园区设立内容审核、模型水印溯源、文化专家评审等配套流程，将“文化正确性”转变为“产业可持续性”。

在空间层面，园区的价值不仅体现在招商方面，更在于其“生态组织”功能。一方面，园区可配置共享影像棚、材质扫描、三维扫描以及小单快反中试线等共用设施，为人才提供从素材到样衣的完整链条环境；另一方面，园区可以嵌入文旅、博物馆、会展渠道，形成跨城跨盟的展示网络，把“看不见的数据与模型”转化为“看得见的体验与订单”。当政策与空间共同发挥作用时，人才引育的“外部性”才有可能从一次性激励转变为持续性吸引。

在地青年设计师的能力跃迁：从“工具入门”到“语义主导”的阶梯

面对“如何介入新技术”所产生的焦虑，青年设计师应当把学习路径从“软件技能表”转变为“能力跃迁阶梯”：起始点是以生成式模型以及提示词工程作为入口，构建起可用的图像与三维表达能力；进阶阶段是理解少样本微调与可控生成的工作机制，可将特定纹样、廓形以及礼制语境当作条件变量嵌入输出；高阶则朝着“语义主导”转变，也就是可把纹样本体、礼制禁忌以及象征语义抽象成约束模板，主导团队在文化正确性与视觉创新之间进行“多目标优化”。在这当中，设计师的身份也会从“软件使用者”转变为“语义工程师”以及“叙事架构师”，这一路径不仅不排斥手工技艺，相反还要求设计师在田野与作坊里校正模型与语义的偏差，让“机器之眼”持续向“文化之心”靠近。

学科建设与理论进路：以“文化—算法共生”为学理支点

民族服饰的智能化并非传统学科的附属，而是有独立的学术发展要点，其理论支撑可归纳为“文化—算法共生”：在认识论方面，传统图像学的三层剖析，即前图像、图像、后图像，可与深度表征的多层语义嵌套相互呼应，构建出“纹样—图式—叙事”的语义映射模式；在方法论方面，文化语义限制可借助硬规则，也就是禁忌符号白名单或黑名单，再加上软提示，即条件向量或负面提示，依靠双机制融入生成链路；在规范论方面，FPIC（自由、事先和知情同意）以及知识资产分配应成为学科的共同认知。据此可尝试构建“文化一致性指数”的量化架构，将专家评分、图文匹配以及风格分布拟合整合为可对比的指标，使“正确的文化”与“美观的图像”不再是主观不可验证的，而是可进行计算与校验的。学科的建立不仅依赖课程，还需要方法、指标以及范式，当这些学术要素完备时，人才培养的可持续性才能真正得到保障。

人才—产业—区域经济的联动机制：从“样式为主的设计”到“生态多点开花”

在区域经济范畴内，民族服饰的智能化不应被简单看作是“单一赛道”，而应被视为一种“生态纽带”：它向上可与羊绒、皮革、金属工艺等特色产业达成材料与技术的双向流通；向侧面可与文旅演艺、数字藏品、虚拟偶像、动漫游戏等内容产业构建资产互通；向下能拉动小单快反供应链与直播电商的就业规模。人才在这当中起着“生态解释器”的作用，他们创作作品，还解释语义、织补数据、校正算法以及连接场景。要达成从“样式单项冠军”到“生态多点开花”的转变，关键之处在于将人才培养、公共数据、算力工具与产业入口整合为一套“可进入、可生产、可转化、可评价”的连贯机制。只有这样，市场薄弱与产业稀疏的历史限制才会被新型外部性与协作结构所消除。

风险边界与伦理护栏：以“可追溯—可追责—可反哺”的文化底线

智能化所带来的效率红利，必然要以文化以及权益的底线作为前提条件，就民族服饰来讲，风险主要源自三个方面：其一，图像生成过程中出现的“文化挪用”以及“语义漂移”情况，可能导致礼制与象征被错误运用；其二，数据采集以及训练过程中的授权不清晰，引发版权与隐私方面的争议；其三，模型输出遭到商业滥用，对传承群体的文化尊严以及经济权利造成损害。相应的防护措施应当体现在三项制度化安排上：其一，有“可追溯”特性的数据与模型水印，可明确其来源以及用途；其二，有着“可追责”特点的内容审核流程，将专家评审与自动过滤相结合；其三，拥有“可反哺”功能的收益分配机制，把商业化收益的一部分回馈至传承社区以及公共数据基金。伦理并非创新的障碍，而是长周期创新的起始点。

内蒙古民族服饰的人工智能创新以及产业化转型，实际上是一项有着特定边界、方法、目标以及外部性的系统工程，在这个工程中，人才是关键的变量。高校与产业之间的关系，需要从以往“知识供给—岗位需求”的线性模式转变为“能力契约—价值共创”的循环模式。地方政府与园区的职责，应当从“项目招商—短期刺激”转变为“公共要素—制度供给”的长期建设。青年设计师需要将个人成长从单纯的“软件熟练度”提升为“语义领导力”，而传承人则要把“工艺之手”所积累的经验转化为“数据之源”的标准，二者在共同创造的过程中完成代际之间的信任搭建。

当“智能方向”的技术语法与“产业方向”的场景语法在内蒙古这片文化高地上实现融合，当公共数据、公共模型以及公共标准成为跨主体的共同基础，当人才画像、能力栈以及评价指标形成区域一致性的时候，民族服饰的价值将不再仅仅依赖于偶发的舞台与节庆，而是进入可复制、可扩散、可持续的增长轨道。在这个时候，以内蒙古民族服饰为核心的数智化范式，也将拥有向周边省市以及更大文化共同体扩散的能力，成为中国式现代化语境下“以文化塑造科技、以科技振兴文化”的生动体现。

第 6 章

总结与展望

6.1
面向中国其他民族服饰的探索

中国56个民族的服饰经历了“生态→技艺→礼制→当代”的转变，这56个民族的服饰谱系形成了多时空层累的文化景观。从宏观生态角度来看，草原游牧、农耕平原、山地峡谷、高寒台地以及海岛湿热等自然—生产方式，共同塑造了服饰的材质选择、廓形结构以及穿着方式：草原地带形成了皮革、呢绒、毛毡等抗风保暖体系，高原民族更倾向于氆氇、牦牛绒以及厚实的层叠结构，岭南西南山地则在棉麻、丝绸、藤编与染织方面表现出色，海岛地区的服饰以轻薄、透气与便捷为特点。由此延伸出汉、蒙古、藏、回、满、壮、苗、瑶、侗、傣、黎、白、朝鲜等族群不同的服饰形态与工艺专长：像苗族、侗族等有色彩丰富的绣品与大量银饰系统，壮族、傣族有扎染与蜡染传统，藏族有氆氇拼接与皮毛镶嵌工艺，回族有素净的礼仪化着装，满族有旗装廓形与盘扣系统，朝鲜族有对襟短上衣与长裙礼服，黎族有棉麻机织与本色染工艺。

从工艺—图像学的视角出发，绣、织、染、缂、挑、盘、镶、嵌这些元素共同构成了56个民族普遍会运用的一种“手工语法”；在图形方面，几何纹、动植物纹、宇宙—图腾纹以及色彩领域的冷暖互补、祥瑞色谱、禁忌色域，承载着有关祖先叙事、族群记忆、婚丧礼制以及宇宙观的集体象征意义。服饰不单单是“穿着的物品”，它更是社会身份以及礼俗秩序的一种可视化符码，像婚礼与成年礼上不同的套装、祭祀仪式中有禁忌的纹样、生产生活里依据功能的区分，这些共同构成了服饰—人—场景相融合的系统。进入现代社会以来，工业面料、商业色卡以及跨文化时尚的不断渗透，促使传统服饰出现了“功能转换”以及“语义漂移”的情况。一方面，改良后的廓形与复合材料使得日常穿着有了实现的可能；另一方面，旅游经济与文创商品化的发展，又容易把复杂的文化符号简化成“标志性图案”。在审美流行与文化真实性之间能够形成一种张力，而这一张力恰恰就是当代数字智能开始介入的起始点，即如何在保证文化礼制正当性的基础条件下，借助数据、模型以及平台，将传统服饰转变成面向新消费与新传播的高质量内容与产品。

问题域重估：以在地实践回应非遗的三重难题

以内蒙古民族服饰为核心展开的非遗保护与创新实践，为长久以来困扰各地的“保护难、传承难、创新难”问题提供了可操作性的系统性解决方案。所谓“保护难”，并非仅仅是指实体服饰以及工艺档案的散失，更在于纹样、廓形、礼制、语境之间存在的复杂关联难以得到完整的保存；“传承难”并非只是单纯的后继无人，而是传统技术谱系与当代媒介语法之间缺少可相互衔接的表达接口；“创新难”也并非创意的枯竭，而是缺乏文化正确性与产业可用性之间的动态平衡机制。内蒙古的这条路径可成立，是因为将文化语义、数据工程、生成建模、场景转化以及伦理治理编织成了一条闭环链条，使得非遗不再仅仅停留在“静态收藏”以及“象征展示”的层面，而是进入到了“可计算、可生成、可评价、可转化”的现代生产关系当中，如此一来，在地经验得以提升成为方法学框架，拥有了向全国多个典型非遗门类以及族群语境进行复制、应用以及持续创新的可能性。

方法学支架：“文化—数据—算法—场景—治理”五维耦合

人工智能不是独立变量，而是存在于五维耦合系统里的中介。文化维度给出“为何如此”的语义基础，囊括部件结构、纹样寓意、礼制规训、禁忌边界以及双语术语；数据维度给出“怎样表达”的可计算形式，有高质量图像与视频、三维扫描、材质参数、田野口述史及其本体化标注；算法维度给出“怎样生成”的技术路径，以扩散模型为基础，凭借LoRA少样本微调注入风格，利用ControlNet进行结构约束，借助跨模态对齐与对比学习校正输出；场景维度给出“怎样使用”的社会落脚点，从展陈教育到文旅演艺，从小单快反到虚拟时尚，从公共文化服务到游戏动漫与虚拟偶像；治理维度给出“怎样持久”的制度保障，包括FPIC授权、数据卡与版本链、水印与可追溯、专家评审与自动审核、授权—确权—分润的收益回流机制。五维耦合不是并列放置，而是在每一轮“生成—评测—修正—再生成”的循环中相互作用，形成非遗活化的内在逻辑。

破解“保护难”：从静态收藏到活态知识的数字化重建

内蒙古范式率先把保护对象从“物的收藏”延伸至“关系的保存”：其一，借助高分辨率采集、三维重建以及材质参数化手段，把服饰的形体结构与面料肌理转化为可复用的数字资产；其二，运用本体建模方式，将“领、襟、袖、摆、襞、镶、盘”等部件层级和“婚礼、祭祀、节庆、劳作”等场景语境相绑定，再加上蒙汉双语的术语对齐以及口述史文本的结构化处理，构建起“部件—纹样—色域—礼制—寓意”的多层语义网络。如此一来，保护便从“静态留存”转变为“活态可检索、可演绎、可复用”，这种语义与数据的联结，为训练样本的高质可用以及跨区域共享奠定了基础，还可以让各民族在统一协议下保持本地差异，防止出现“存得多、用不动”的数字孤岛情况。

破解“传承难”：从师徒单线到“人—机—社群”的多向协作

传承所面临的瓶颈存在于表达接口之处，内蒙古进行的实践把生成式模型当作“新型笔墨”，借助数字媒介，传统技艺的程式法度可让青年理解、再次演绎以及改写。LoRA可凭借少量样本实现“写入风格”，ControlNet依靠线稿、骨架、深度图来保障结构的“正”，双语提示词库以及礼制约束模板在“语法层面”嵌入文化边界，把“技艺之手”转变为“语义之心”。传承人从此不再仅仅是“不可替代的个体记忆”，而是成为“可计算的知识源”以及“可评审的文化校对”，青年设计师在“人机共创”的工作流程里实现从工具入门到语义主导的能力提升，师徒关系转变为多方协作关系，传承成为可以扩展的社会化工程。

破解“创新难”：在“美”与“对”的张力中建立工程化平衡

创新存在一定难度，其最关键的是要将“好看”和“对路”这两者统一起来。内蒙古所采用的路径是借助智能生成后的“双轨评测”来构建工程化平衡：其中，一轨运用FID、CLIPScore等视觉指标对图像质量以及风格拟合情况给予衡量，另一轨则凭借“文化一致性指数”来考量礼制的正确性、纹样的合法性、色域的得体性以及语境的贴合度。评测并非最终的目的，而是成为生成迭代的一种控制器。当各项指标与专家意见达到阈值一致的时候，创新便会以“可证据”的形式获得社会的认可，紧接着，三维孪生以及数字打样会把创意引入到生产端，小单快反和参数化纹样会把生成引入到市场端，虚拟展演与交互导览会把设计引入到公共文化服务端，如此一来，算法之“新”与社会之“善”便可实现同频。

可复制：把在地经验提升为国家级协议

可复制的关键并非“照搬模型”，而在于“统一协议”。内蒙古的语义本体以及数据卡规范可作为国家级的参考依据：凭借统一的元数据结构来承载多民族的术语库、纹样谱系以及礼制场景，各地只要替换条目与词典，便可实现无缝接入，借助统一的评测流程以及版本治理，可让不同民族的生成结果在质量、伦理以及合规方面有可比性与可问责性，凭借统一的授权与分润框架，可保证数据权属清晰并且收益反哺传承社区。协议的“同”可保证工程落地以及社会信任，文化的“异”可以保障多样性与独特性，这便是“同中有异、异中有同”的工程表达。

可应用：跨门类与跨场景的多端口分发

可应用并非只是抽象口号，而是可直接深入到各类非遗门类的生产实践当中，就拿苗绣、侗锦、傣锦、黎锦、藏袍镶嵌、回族礼仪服饰、朝鲜族传统礼服等典型例子来说，都可以沿着“数据—模型—评测—孪生—转化”这样的链条进入展陈教育、文旅演艺、公共文化服务、时尚文创、游戏动漫、虚拟偶像等端口。不同门类之间的差异是由ControlNet的结构约束以及语义本体的礼制约束来进行控制的，统一的技术路径使得跨门类应用的边际成本有所降低，而有在地专家的参与以及收益回流机制，可保证应用不会偏离文化正当性以及社区利益。这种“同法异构”的分发方式，让“长尾文化”获得了规模化的可见度以及稳定的社会支持。

可创新：从风格保真到文明叙事的再生产

可创新的上限在于叙事方面，算法可生成形状与色彩，然而文明叙事会决定公众对这些形状与色彩的理解方式，以内蒙古作为原型开展的实践，正在探寻跨族群本体映射以及潜空间插值的“合法共创”，在非商业和教育的语境当中，呈现出不同民族形式语言之间的相互启发与借鉴，借助语言模型将礼制、神话以及族群记忆转化为脚本、导览词以及交互问答，使得“可观看”的审美体验提升到“可理解”的文化体验层面。创新不会再被市场的即时流行所束缚，而是在文化正确性的护栏范围之内进行长期的审美与叙事实验，形成新一代中国美学的多声部合唱。

民族学的理论提升：从田野到算法的互证关系

民族志的传统着重于在地观察、深入描绘以及情境理解，内蒙古路径将田野材料组织成可计算语料，借助本体与知识图谱留存“深描”的层次，依靠双语术语与口述史留存“在地声音”，利用文化一致性评测留存“语境审查”。算法并非取消田野，而是搭建起“田野—模型—公众”之间的桥梁，让民族学可以以“可复现实验”的形式进入公共论域。对于民族学来说，这属于方法论的拓展，从文本—影像的静态展示，迈向数据—模型的动态构建；对于人工智能而言，这是知识论的修正，从统计相关性的黑箱，走向文化因果性的明窗。二者相互印证，形成中国语境下“人文—智能共生”的新范式。

民族认同与国家认同：以“美美与共”实现文化共荣

“美美与共”并非一种审美姿态，而是国家治理所遵循的文化逻辑。统一协议可保障跨族群的生产实现平等，统一评测可保证跨语境的质量达到平等，统一分润可保证跨主体的权利获得平等，多民族存在的在地差异在统一方法之中得到尊重并且被放大，形成“共同体中的差异之美”。当蒙古族、藏族、苗族、侗族、傣族、黎族、朝鲜族等民族的服饰与技艺在同一个平台上可彼此看见、彼此学习、彼此使用时，中华民族共同体意识便会以具身化的形式被再生产出来：不再是抽象的教条，而是在日常使用、公共体验以及产业协作过程中的共享现实，民族认同在与他者的镜像关系里得到强化，国家认同在差异协同的过程中得以升华。人工智能在这当中并非外来的权力，而是服务于“多元一体”的文明技术，它让“各美其美”的个体之美与“美人之美”的共同之美可同频共振。

国家尺度的制度化路径：从区域样板到协同网络

若想把“区域范式”推广成为“国家级模式方法”，那就需要在组织、技术以及伦理这几个方面构建起可持续的协同网络。在组织方面，借助“国家级开放平台—省区市子平台”这样的分层部署方式，达成标准与在地之间的张力平衡；在技术层面，运用联邦学习和边缘训练，兼顾数据主权以及算力可接近性；从伦理角度，依靠FPIC、数据卡、版本链、水印以及专家评审，构建起“可追溯—可问责—可反哺”的软硬一体的护栏。借助“示范库—示范园—示范节”的滚动发布机制，不断推出跨民族的开放权重、数据集卡以及典型场景，塑造出社会面的审美教育以及产业面的迭代节律，如此一来，非遗不再仅仅依赖一次性的“项目制”，而是可进入“数据—模型—应用—收益—再数据”的正循环当中。

以公共性托举文明自信，以方法学团结多样性

人工智能参与非遗所有的价值，并非运用新技术去覆盖旧有的世界，而是借助可计算以及可治理的途径，实现对意义的保护，为表达赋予能量，使产业相互联通并回馈社区。内蒙古民族服饰在当地的实践说明，唯有当文化语义成为算法的约束条件，当评测、审核以及分润成为生产流程内部的节点，当公共平台成为跨主体的能力基础，非遗的保护、传承以及创新才会从“偶发的善意行为”转变为“有结构性的善意行为”。依此进行推广，对中国56个民族的典型性非遗而言，将不再是“零散的资源”，而是“网络化的资产”，不再是“静态的展示”，而是“动态的共同创造”，不再是“地方特有的产品”，而是“国家的品牌”，这是一条借助公共性来支撑文明自信、依靠方法学来凝聚多样性的现代化道路。在“美美与共”的原则下，每一处差异都可被看见、被理解、被尊重并且被转化，在“民族认同—国家认同”的同构关系里，让共同体因为多样而更加丰富，因为协同而变得强大。

6.2 以马来西亚民族服饰文化为例通向国际的延伸研究

以内蒙古民族服饰的数智化保护与创新作为样板，可把“文化语义—数据工程—生成建模—场景转化—伦理治理”五维耦合方法提升为一种有跨地域适配性的国际化参照范式。与内蒙古情况类似，马来西亚的民族服饰也处在多民族、多语种以及多信仰相互交织的复杂文化场域之中，有着深厚的仪式性与象征性，同时又承受着现代消费、全球流行以及数字媒介带来的重压。不同之处在于，马来西亚多族群并置的社会结构使得“文化正确性”“日常化穿着”以及“商业转化”这三者之间的动态平衡格外敏感，既要尊重各族群礼制与装饰语汇的差异性，又要运用现代材质与当代生活方式达成“舒适—功能—审美”的统一，还要在国际传播里避免出现异化与猎奇现象。内蒙古范式的可复制性并非在于“套用同一工具箱”，而是在于以“协议与流程”作为基础，把在地知识编译成可计算资产，将生成的输出嵌入可问责的治理。

从宏观角度来看，马来西亚的服饰文化可被视作是由马来族、华裔、印度裔以及婆罗洲的原住民共同编织而成的多声部谱系。马来族的Baju Melayu、Baju Kurung、Kebaya与Songket织金织物形成了礼仪性与日常性两种样式，其中Songket在2021年入选了联合国教科文组织人类非物质文化遗产代表作名录，证实了其技艺传承以及社会意义在国家级与国际级层面的关键性。Songket一般是用传统双踏脚地机进行织造，凭借金银线插纬形成“浮丝”装饰，有着礼仪上的庄重感和审美的华美特质。在多元共生的城邦文化中，Nyonya Kebaya的跨文化混融也被当作社会整合与审美互鉴的一种象征。在婆罗洲岛，砂拉越伊班族的Pua Kumbu以植物染、图像母题以及仪式性禁忌较为突出，被看作是女性身份与宇宙观的织物叙事，沙巴卡达山-杜顺族的黑绒礼服系统则是由珠饰、金线、扣饰以及头饰构成有强烈识别性的族群标识与节庆展示。马来传统服装在都市以及全球“Modest Fashion”潮流的推动下出现了现代化与极简化的改造，面向日常穿着的材料与结构优化成为新的趋势，这一“当代性—民族性”的再平衡为数字化与AIGC的应用提供了现实场景。在语义层面，上述样式都包含着“部件—纹样—色域—材质—礼制—场景”的多层规则系统，如Baju Kurung的宽松上衣与Sarong的搭配、Songket的金银纬线插织方法、Kebaya的蕾丝镶饰与贴体廓形、Pua Kumbu的神话母题与禁忌染序、Kadazandusun礼服的黑绒底色与珠串秩序等，这些可转译为服饰语义本体中的结构位点与属性域，是后续“可控生成”的先决条件。

6.2.1 方法学映射：从“内蒙古区域路径”到“马来西亚语境”的六层框架

若要将内蒙古范式稳定地迁移至马来西亚，就需要把“技术工具”提升为“协议+流程”的系统方案，构建起覆盖协议层、数据层、模型层、评测层、应用层以及治理层的六层框架。

协议层：本体可替换、流程不改变

运用统一的元数据以及知识图谱结构来承载不同族群的服饰语义。本体顶层保持“部件—纹样—色域—材质—礼制—场景—寓意”这样一种一致的表达形式，在族群子层，纳入Songket织造术语、Kebaya版型与刺绣辞典、Pua Kumbu植物染—图像禁忌—仪式用途、Kadazandusun珠饰编码等内容。协议的“同”可保证跨族群数据实现相互检索以及复用，本体的“异”则可保证在地差异得以充分表达。Songket的“金银线插纬—浮丝效果—礼仪用途”这一知识单元，可作为本体条目与约束模板进入生成链路之中。

数据层：活态数据库、双语（多语）语料

构建一个活态数据库，该数据库围绕影像、三维、材质、口述史这四类数据展开。在影像方面，对关键部件位置进行标注，比如领、襟、袖、摆以及腰封、珠饰、头饰等部位；在三维方面，针对典型服饰进行高保真扫描，同时进行PBR（基于物理渲染）材质采样；在材质方面，记录Songket金银纬线、Batik蜡染的裂纹以及伊班植物染的上色规律。口述史则用马来语和英语进行双语/多语对照记录，必要时还会加入汉语、泰米尔语、伊班语、杜顺语，记录礼制语境与禁忌。数据卡记录数据的来源、授权、偏差与限制，以此保证数据的可追溯性与可审计性。这一举措与Songket已被联合国教科文组织确认为国家级非遗的定位相对应，可帮助将本地培训与传承项目纳入“数据即资产”的现代治理当中。

模型层：SDXL为底、LoRA少样本、ControlNet可控

以SDXL这类扩散模型作为基础，运用LoRA针对单一族群风格开展30 ~ 80张高质量、严格标注的训练图像的少样本微调工作，将风格语法、材质纹理以及色彩谱系融入模型之中；联合如Kebaya贴体上衣+纱笼、Kadazandusun黑绒礼服+多层珠饰、Pua Kumbu披挂结构等的ControlNet，借助线稿、骨架、深度图来约束典型廓形，以此降低出现“语义正确但形体错误”情况的风险；接着借助跨模态文本嵌入（CLIP）对“礼制—场景”语义施加软约束，防止婚丧场合混用以及禁忌纹样被误用；在事实方面，Songket、Pua Kumbu、Kadazandusun礼服以及Kebaya的语义条目都可被转译为条件控制向量或者负面提示模板，让“文化正确性”成为生成的工程条件。

评测层：视觉质量 × 文化一致性 × 场景可用

在“FID/CLIPScore”等视觉指标之外，引入文化一致性指数（CCI），由传统工艺师、研究者与文化机构共同打分；子维度包括纹样合法性（如Songket传统图案）、色域得体性（礼仪色/禁忌色）、廓形正确性（Kebaya版型/裙摆长度）、场景贴合度（婚礼、节庆、仪式、日常）；辅以版本链、水印与溯源、专家审核意见存档，把“好看”转化为“对路”。CCI的流程与量化权重在各族群中保持同构，但指标库按本体差异替换，从而实现跨族群、跨地区的可比性。

应用层：展陈教育、文旅演艺、时尚文创、虚拟内容

依靠多端口分发来提升社会以及产业的可达性。在展陈教育方面，构建虚拟博物馆以及XR导览，用以展示Songket织造、Kebaya刺绣以及Pua Kumbu植物染的工序复原情况；在文旅演艺领域，利用可控生成的服饰资产以及三维孪生技术来重构节庆场景；在时尚文创范畴，借助参数化纹样实现数码印花、小单快反以及样衣数字打样，在虚拟内容这一侧面，为游戏、动漫以及虚拟偶像提供“文化正确—视觉先进”的服饰皮肤库。针对马来传统服饰“现代化、极简化”的趋势，可在模型端创建“舒适—功能—端庄”三目标的生成模板，以此来回应新一代消费者对于日常穿着的期待。

治理层：FPIC、授权—确权—分润、公共平台

以FPIC框架来处理训练数据授权事宜，清晰明确数据的来源、使用范围以及收益分配情况，采用水印和可追溯机制来标识生成内容的模型与版本，构建内容审核、专家评审以及自动过滤相结合的多级合规体系，借助公共平台打造“公共本体—数据卡—评测流程—授权协议”的标准化套件，收益按照项目回流到传承社群与公共语料基金，形成“数据—模型—应用—收益—再数据”的正向循环。Songket被列入联合国教科文组织名录这一事实，为这类公共—社区—产业的协同治理提供了有国际承认的价值支点。

6.2.2 跨文化迁移中的方法论关切：从“可见之形”到“可解之义”

国际迁移的风险并非在于技术方面，而是存在于语义范畴，就拿Pua Kumbu来说，它的图像母题以及植物染序有着明确的禁忌内容与关于女性身份的叙事，如果脱离了仪式语境，很容易就会被“图案化”以及“时髦化”。延伸研究需要坚持“形—义—境”三位一体的原则：其一，借助ControlNet守住“形”的规范；其二，依靠本体与词库守住“义”的界限，这里的“义”包含禁忌纹饰、礼制色域以及叙事母题等；其三，依靠场景标签守住“境”的恰当性，比如婚礼、丧仪、祭祀、节庆或者日常等场景。在都市端庄时尚的潮流里，Baju Kurung/Kebaya的现代化并非对民族性的削弱，而是依靠对材料与结构进行优化，将“端庄—舒适—功能—美学”融合在可用的服装当中。与此相对应的是，数字孪生与参数化模板应该把“舒适度、透气性、活动自由度”等工程参数纳入生成约束之中，让“民族服饰的当代性”获得客观可证的工程支撑。

国际参照的组织化路径：三个统一、两个分层、一个循环

参考内蒙古范式的制度化经验，马来西亚延伸研究的组织化建议同样可遵循“三个统一、两个分层、一个循环”：三个统一具体是指统一本体与数据卡协议，统一评测与审核流程，统一授权与分润框架；两个分层是指国家级开放平台和州属子平台进行分层部署，上层负责管理标准与跨州协作，下层主要进行在地采集、在地训练以及在地转化；一个循环是指收益反哺传承社区与公共语料基金的再生产机制。在技术方面，借助联邦学习与边缘训练保障数据主权与算力可接近性；在治理方面，借助社会评审和自动审查兼顾文化精准度与生产效率；在推广方面，以“示范库—示范园—示范节”滚动发布典型场景与开放权重，比如“Songket数智化织造展示”“Kebaya端庄时尚数字发布”“婆罗洲族群纺织纹样活化展”。

比较视野下的民族认同与国家叙事：多元一体的“算法表达”

多民族国家共同面临的核心问题是在差异之中确定共同体。当文化正确性成为生成的硬性约束条件，当算法可控性成为工程的基本准则要求，当产业可用性成为传播与就业的实际支撑点，非遗就能从“静态展陈”转变为“动态共创”，从“地方资源”提升为“国家品牌”。在马来西亚的情形里，Songket的国际认定以及Kebaya的跨文化特性，为“美美与共”的当代表达给出了明显例证，前者凭借国家级技艺与礼仪服饰奠定自我认同的庄重基础，后者依靠混合美学呈现社会整合的审美能力。从这个角度来说，“美美与共”并非抽象的口号，而是一种工程化且制度化的文化逻辑：统一协议保障生产平等，统一评测保障质量平等，统一分润保障权利平等，多族群本体在同一平台上可被看见、可以学习、可使用，使得“各美其美”的个体之美与“美人之美”的共同之美转化为日常体验以及公共服务。人工智能成为“多元一体”的技术语法——它并非消除差异，而是在统一方法中扶持差异，让每一种在地文化都可以以可计算、可生成、可转化、可问责的方式持续发展。

从内蒙古到马来西亚的“范式—语境”二重奏

以内蒙古民族服饰的数智化范式作为基础，将其抽象成为“协议—数据—模型—评测—应用—治理”这样的六层结构，并且在马来西亚的语境当中完成场景化的指认以及制度化的扩展，在史料层面把Songket的教科文组织认定当作锚点，再加上Kebaya、Pua Kumbu、Kadazandusun礼服等典型样式的语义化分解，为“可复制、可应用、可创新”的国际延伸提供了方法学的细则以及伦理—治理的护栏。未来的工作应该集中在多语种术语对齐、族群间本体映射、跨国联邦训练与区域平台互联这四个方向上，推动“从在地经验到国际方法”的再次进化。到那个时候，不管是在黄河草原还是在南洋群岛，民族服饰都会凭借“文化正确性×算法可控性×产业可用性”的三元平衡，持续产生新的审美与记忆，并且在“美美与共”的文明叙事里，汇入人类多样性的共同合唱。

6.3 人工智能驱动内蒙古民族服饰数字化转型与创新路径的综合总结

从“技艺之手”到“语义之心”的范式转移

把内蒙古民族服饰当作基本的研究范围，重点关注非遗服饰在现代社会所面临的三重困境，也就是保护难、传承难以及创新难，提出并且论证了“文化语义—数据基座—生成建模—场景转化—伦理治理”的五维耦合体系，该体系把数智化当作核心内容，提倡将传统服饰从静态收藏以及符号化展示，转变到可进行计算、可生成、可评价、可转化的现代生产关系当中。它的方法论并非以“新技术覆盖旧世界”作为目标，而是以“文化正确性×算法可控性×产业可用性”的三元平衡作为准则，依靠将“技艺之手”沉淀为“语义之心”，接着以工程化流程固化成稳定且可复制的社会实践，本研究在理论方面实现了民族服饰研究从“田野深描—图像史料”到“语义本体—模型约束”的范式增维，在应用方面达成了文化资源从“展陈资源—地方名片”到“产业资产—国家品牌”的价值跃迁，在治理方面提出了以FPIC为核心的授权体系以及“公共数据—公共模型—收益反哺”的制度设计，把非遗活化纳入长期主义的公共治理框架。

以“可计算的文化”为桥，以“可控的生成”为法

研究所提出的路径，其内在包含着从数字化迈向数智化的连续跃迁过程。在数字化阶段，主要解决“可见之形”的问题，借助高清影像、部件级标注、材质参数采样、三维扫描以及口述史文本构建起“活态数据库”，这个数据库并非简单的静态资料库，而是以统一元数据、知识图谱以及数据卡作为支撑的“可检索—可复用—可审计”的文化底座。进入数智化阶段后，则希望能够解决“可解之义”的问题，凭借语义本体化，把“领、襟、袖、摆、襞、镶、盘”等部件层级与“婚礼、祭祀、节庆、劳作”等场景语境进行绑定，再加上蒙古语和汉语的双语术语对齐以及礼制禁忌清单，使得“文化语法”可作为生成的约束条件被工程化地加以调用。在生成建模层面，本书确立了以SDXL为底座、LoRA少样本微调为风格注入机制、ControlNet为结构可控机制、CLIP为跨模态一致性校核的“少量样本—快速定制—结构可控—语义可审”的一体化范式。为了避免出现“好看而不对路”的风险，本书还提出了“文化一致性指数—视觉质量指标—场景可用性评分”的双轨评测闭环：一方面利用FID、CLIPScore等度量图像分布与文本—图像贴合度，另一方面组织传承人、策展人、研究者对纹样合法性、色域得体性、礼制适当性进行结构化评分。生成不再是一次性产物，而是在“生成—评测—修正—再生成”的短周期循环当中，自适应地收敛到“像其形，又合其意”的文化最优点。

以“多端分发”为器、以“公共平台”为枢的产业路径系统重构

产业路径的创新并非单纯局限于单一市场入口的拓展，而是聚焦于“同法异构”的多端分发以及“公共—园区—企业”的多维耦合。一方面，同一套有语义可控特性的生成资产可在文旅AR导览、虚拟博物馆以及沉浸式展演等场景中实现公共文化服务的供给；在时尚与文创领域，参数化纹样可直接连接数码印花与小单快反，三维孪生可对接打样以及供应链柔性制造；在数字内容方面，资产轻量化之后可进入游戏、动漫以及虚拟偶像生态，形成长期的内容流水线。另一方面，园区借助配置影像棚、材质扫描、三维扫描以及中试线，将“数据—模型—样衣—上架”的流水线整合于可管理的空间之中，公共平台凭借统一协议、评测流程以及授权分润，降低创新主体进入的门槛，提升跨主体协作的信任程度与效率。如此一来，文化资源的“长尾”在统一方法与公共要素保障的条件下获得规模化曝光，产业转化不再依赖单点项目，而是通过“示范库—示范园—示范节”的联动机制，建立起一套常态化的社会供给体系。

从“大班平均”走向“能力画像驱动的小班深耕”人才培养体系

内蒙古民族服饰的数智化转型受到重视，其中最关键的是对“谁来做、如何做、做到何种标准”的人力结构进行再造。人才培养的核心并非课程清单，而是能力结构的可组合性与可验证性。从组织方式来讲，以导师群加上工作坊为主的12至18人小班，实行入学诊断到中期画像再到毕业画像的能力画像制，按照Studio、CDIO与PBL三螺旋来组织教学，让“问题—迭代—公开评审”成为学习的常态。从能力域方面来看，以“文化语义—数据工程—生成算法—三维仿真—材料工艺—品牌与渠道—法务与合规”七个领域构建可叠加的能力栈，培养“π型/M型”复合人才，打通“懂文化不懂算法”以及“懂算法不了解语境”的结构性断裂。就评价机制而言，以“证据链”为核心的OBE体系，将代码仓库、数据卡、模型权重、语义本体、样衣与法律文本纳入毕业标准，并且以专家团文化审查与真实转化率作为外部校验，从“完成学时”转变为“可用成果”。这一人才框架的实质，是把高校从“知识传授中心”转变为“区域能力编译器”，把分散的文化片段、技术碎片与场景碎片编译成稳定输出的社会能力。

以“可追溯—可追责—可反哺”守住创新的边界治理与伦理的底线思维

任何数智化工程，如果忽视了文化与权益的底线，就很难实现长久发展。本书提出：运用FPIC框架来处理训练数据授权事宜，清晰明确数据的来源、范围、收益以及撤回机制，借助数据卡与版本链记录数据与模型整个生命周期的相关信息，采用水印与溯源技术来标识生成的内容，以此保障对外分发时可进行追踪，凭借“社会评审+自动审查”这样的组合流程，降低文化挪用以及语义漂移所带来的风险，依靠公共平台的“授权—确权—分润”制度，把商业收益依据项目情况回流到传承社区以及公共语料基金。伦理并非刹车，而是长周期创新的起始点，当“公共性”被纳入制度范畴，社会信任才有可能转变为连续性的公共投入以及个人参与。

民族学的“方法再工具化”与人工智能的“知识再语境化”理论

我们的研究不只是技术路线图，还对学科方法有反身性推进。民族志的田野深描过去只停留在文本和影像层面，而本书倡导把它“工具化”嵌入数据工程与模型约束里：将口述史转化成语义标签，礼制禁忌进入负面提示模板，纹样谱系升维为可查询的知识图谱，借此达成“田野—模型—公众”的闭环。人工智能方面的知识论也得到校正：从统计相关性的黑箱迈向文化因果性的明窗，从通用风格的抽象平均迈向在地语义的约束生成，二者相互嵌合，标志着“人文—智能共生”在中国语境下的方法学自觉的“文化一致性指数”与多维评测，为未来全国层面的跨族群对照研究提供了可比标准，让“对与不对”的文化判断首次进入“半定量”层级，成为政策制定与社会沟通的共同语言。

可复制、可应用、可创新：从内蒙古在地样板到国家方法

我们所说的“可复制”，其内涵是将在地经验提升为国家协议，具体涉及统一元数据、统一本体结构、统一评测流程以及统一授权与分润框架等方面。而“可应用”则是基于“同法异构”的思路，针对不同族群和不同场景展开工程化迁移，把“生成—评测—孪生—转化”串联起来形成稳定的社会供给。“可创新”指的是在合法合宜的界限内，开展跨族群本体映射、潜空间插值与叙事提升的实验，在以教育与展陈为主的非商业场景中呈现“异中之同、同中之异”的审美互证。从这个角度来看，内蒙古范式不仅对内蒙古民族服饰起到服务作用，还为56个民族服饰的数智化提供了通用方法。另外，本文以马来西亚为例进行国际延伸，说明这一方法有跨语境的可移植性，即当协议、流程与治理作为基础时，“可计算的文化”可跨越地理与语言的边界，在保持在地语义的同时进入全球传播。

产业—政策—空间的耦合策略：让公共要素成为“增长的母体”

产业、政策以及空间需共同发挥作用。在产业方面，建议依据“数据即资产—模型即生产力—内容即产品—体验即渠道”的价值闭环，构建覆盖内容电商、小单快反、IP联名以及虚拟演艺等多端口的分发体系。在政策方面，自治区和盟市层面应把公共数据与公共模型纳入财政性公共产品的供给范畴，配备“算力券—微基金—人才贴息”这类柔性工具，鼓励高校和中小企业进行高频迭代。在空间方面，依靠文化科技园与服装产业园，配置共用影像棚、材质/三维扫描工位、中试线以及直播基座，形成“研发—设计—制造—展演”的空间化分工模式。政策、产业与空间产生的叠加效应，会将“散点创新”汇聚成“系统创新”，把“单点项目”升级为“平台能力”。

青年设计师与传承人的共同体建构：从“代际冲突”到“语义共创”

青年设计师的成长路径应由“软件熟练度”转变为“语义领导力”：起初借助生成工具构建可用表达；接着掌握小样本微调与可控生成，把风格、结构和场景当作三类变量融入设计过程；最终在本体与规则层面引领“文化—算法—场景”的多目标优化。传承人作为“文化校对者”以及“数据源提供者”，进入人—机—社群的多向协作体系，用经验校正模型，拿故事丰富语料，以礼制把关输出。二者基于“可验证的成果”与“可分享的收益”形成信任闭环，模型优劣可被评审，收益分配可以被追踪，共同体有制度化的稳定性与开放性。

“美美与共”的国家叙事：于多样性中寻求共识，在公共性里托举自信

民族认同和国家认同并非那种抽象的理念阐述，它们借助日常的运用、公共的体验以及产业的协同合作来实现持续的再生产。在不同族群的服饰语料于同一平台可相互看见、相互学习、相互使用的情况下，在统一协议保障生产平等、统一评测保障质量平等、统一分润保障权利平等的情况下，中华民族共同体意识会以具身化的形式被再次强调。人工智能在这里并非消除差异的力量，而是支撑差异的技术规则：它使得“各美其美”的个体之美与“美人之美”的共同之美在统一的方法中共同存在并繁荣发展，文化因为可被计算更易于传播，传统因为可被治理更有可持续性，青年因为可参与更有认同感，社区因为可得到反哺更具活力。如此一来，数智化民族服饰不只是一项产业工程，更是一项文明工程。

面向未来的学术与实践议程：让范式成为进化的起点

我们已针对路径与制度展开了系统性梳理工作，然而仍存在一些有待深入剖析的议题。关于“文化一致性指数”的跨区域对照研究以及指标权重的优化，需要借助规模更大的样本以及持续时间更长的纵向观测；联邦学习与边缘训练在非遗场景中的工程化落地，需要在数据主权、算力调度以及隐私保护这几个方面进行精细的权衡；多语种术语对齐以及跨族群本体映射，依旧需要语言学、民族学以及计算语言学这三个领域展开深度合作；绿色低碳与可持续材料的数字参数体系，需要与服装产业的全生命周期评估实现对接。未来议程的基本发展方向，是持续加强“能力—数据—场景—治理”的四重协同，使得范式并非终点，而是成为一种可不断自我修复、自我增殖的演化机制。

一条从草原记忆通向未来时尚的中国道路

回归起始点，内蒙古民族服饰开展的数智化实践，为我们呈现出一条清晰、有可操作性且可被复制的发展之路，其以文化作为核心内容，智能作为手段，产业作为载体，公共性作为保障，成功将非遗从静止的时间轴中解放出来，放置到可不断迭代的社会系统里，促使青年从“对工具持有犹疑态度的人”转变为“主导语义的人”，使得传承人从“孤立的匠人”转变为“共同体的校对者”，让高校从“单纯的知识仓库”转变为“可编译能力的地方”，把政府与园区从“进行项目招商的人”转变为“提供公共要素的人”。当这些角色在统一的方法以及共享的制度下协同合作时，民族服饰将会在“美美与共”的文明叙事过程中，持续衍生出新的形态与意义、新的技艺与产业。本书所提出的范式和路径，能为这一进程提供可接受检验、可给予执行、可实现迭代的“学理—工程—制度”三位一体的基础支撑。到此为止，数智化民族服饰不再仅仅是一个研究议题，而是一条从内蒙古出发、通向全国乃至国际的创新通道，它凭借稳定的规则承载多样的创造，依靠公共的治理托举个人的灵感，运用现代的技术复兴古老的美学，并在国家文化自信的版图之上，书写属于我们的当代答案。

6.4 以“数智化民族服饰”范式服务世界文化多样性的操作性蓝图

从在地范式到世界方法：全球服务的理论立场

以内蒙古民族服饰为场域所沉淀下来的“文化语义—数据基座—可控生成—多端分发—伦理治理”五维耦合情况，并非局限于地域或者单一族群，实际上它是一套用于处理“多样性—现代化—可持续”之间张力的通用方法学。从全球视野来看，民族服饰基本上都承载了礼制、身份以及地域记忆，而现代消费和媒介技术又持续对其可见性以及使用方式进行重塑。内蒙古范式的价值在于将“可计算的文化”融入“可问责的治理”之中，使得任何在地传统在进入数字化与产业化通道的时候，都可依据统一的协议标准获取到可复制、可应用、可创新的增长路径。这一立场和联合国“保护与促进文化表现形式多样性”的精神相契合，其出发点并非技术输出，而是文化平等的工程体现，凭借严格的语义约束以及公共治理，保证差异在统一之中得到支持而不是被削弱。

跨语种、跨本体的语义互操作：全球知识基础设施的第一性问题

全球化服务面临的首要挑战乃是语义鸿沟，语言和本体之间存在不一致的情况，这往往会引发跨文化误读以及生成偏差。延展之后的范式依据“顶层一致、在地可替换”这一原则来重塑语义底座：在顶层维度维持“部件—纹样—色域—材质—礼制—场景—寓意”的元模型，使其成为在世界范围内可以复用的“文化抽象语法”；在在地维度，运用族群术语、技术流程以及礼制禁忌来充实条目，形成各自独立但又可对读的子本体；在多语种处理方面，采用双语或者多语术语对齐以及跨语种嵌入的方式，这样一来蒙古语、汉语、英语之间的互译经验就可以迁移到马来语、印尼语、斯瓦希里语、阿拉伯语、法语等语境当中，如此语义互操作从“文本翻译”转变成为“知识等值”，让全球不同传统的“文化语法”得以进入统一的可控生成链路。

全球公共平台与联邦学习网络：数据主权与跨境协同的技术解

全球服务绝不能以“数据集中”作为代价，文化敏感数据更不应该出现跨境“裸奔”的情况。切实可行的办法是在各个国家以及各区域构建起在地子平台与公共本体节点，把数据留存于本地，依靠联邦学习的方式来共享模型更新，借助边缘训练的方式完成小体量语料的就地微调，中心层承担着标准与评测、跨域路由以及模型商店的职责，提供权重托管、合规模板以及审计工具。模型与数据卡的版本链在本地和中心同时进行登记，这样既能保证更新具有可追溯性，又能保证各方凭借可比指标来检验质量变化。算力侧利用“算力券+训练配额”这种轻量财政工具来支持“全球南方”文化机构与社群参与其中，让立足资源贫乏地区的非遗也拥有进入全球话语的技术通道。

全球治理与伦理的同构化：从“许可—使用”到“反哺—共治”

国际服务存在一条底线，那便是制度同构，经过延展之后的范式把FPIC当作授权的起始点，把数据卡、授权条款、水印溯源以及合规审核作为生产链路里面的内生节点，并且把收益反哺写进了平台规则之中。只要是利用在地数据进行训练、依据在地语义生成而且进入商业分发的内容，都需要按照规则回流到提供语料的社群以及公共基金那里。在进行跨境分发的时候，平台会提供“文化禁忌与敏感情境”提示清单以及自动拦截机制，以此来保障礼制的正确性以及文化尊严。借助这样的方式，在全球范围内构建起“可追溯、可问责、可反哺”的治理闭环，使得技术的“通用性”可被文化的“特指性”持续校正。

全球产业协同：从文化数字资产到多端口的经济价值链

语义与治理得到保障之后，文化数字资产才可进入全球市场进行“多端口分发”。在展陈与教育方面，虚拟博物馆以及XR导览借助统一的交互协议，部署于不同国家的文化机构；在文旅与演艺方面，同一套可控生成资产可在多个城市的多个场馆复用，并且叠加当地的解说以及仪式实践；在时尚与文创方面，参数化纹样与三维孪生对接小单快反以及绿色制造，把“少量多样”的长尾需求转化为供给韧性；在数字内容方面，游戏、动漫以及虚拟偶像可快速接入“文化正确—视觉先进”的皮肤库，构建全球共创的内容流水线。不同文化的资产不再相互孤立，在专家护栏范围内可开展跨文化的风格互证以及叙事实验，输出“合法共创”的国际教育资源，从“博物馆的静态观看”转变为“全球课堂的动态共创”。

国家形象与国际传播：让“美美与共”成为算法层的共同语言

全球服务的终极意义体现在国际传播的文化自觉方面，内蒙古范式凭借“文化正确性×算法可控性×产业可用性”的三元平衡态势，呈现出可叙事、可展示、可转化的传播逻辑，其外化效果并非单纯的单向输出，而是希望能够实现共同体的建构。当世界不同地区的民族服饰在同一平台上依据对等协议被看见、被理解、被使用时，“各美其美、美美与共”的观念便在交互过程中得以具身化。对于中国来说，这是一种具有“以方法团结多样性”特点的国际话语能力；对于伙伴国家而言，这是将在地文化从“被观看的他者”转变为“能生成、能治理、能变现的主体”的治理结构。方法与制度成为“文明互鉴”的共同交流语言。

可持续与韧性：绿色参数与公共安全的全球工程

全球服务应当被纳入有可持续性以及风险韧性的工程约束范畴。在材料方面，借助生命周期参数来形成约束，促使“低碳面料、可回收辅料、耐久性指标”成为设计的输入内容，而非仅仅是事后的评估考量；在制造环节，借助“无样衣打样”“按需生产”的方式来降低库存以及废弃物的产生；在平台层面，构建文化安全响应机制，当出现高风险的情境时，如误用、滥用、仇恨符号等，利用人机协同迅速回退版本并下架分发，同时保留证据链并通报给相关社群与机构。如此一来，全球化不再是一种如同加速器般的扩张模式，而是一种可控、可解释、可回溯的稳态增长态势。

全球合作的组织路径：从示范节点到共研网络

为防止出现“样板—复制”的机械性扩散情况，全球合作适宜采用一种循序渐进的机制，即“示范节点—共研网络—年度共创”。示范节点会挑选在数据治理成熟、文化机构完善且拥有公共影响力的城市或者高校，和当地社群一同完成首套本体、首批数据卡、首轮权重以及评测；接着凭借开放课题以及共研经费把其他城市和地区连接起来，形成本体映射、术语对齐、评测对比的国际工作包；最后借助“年度共创季”轮流发布跨文化教育内容、开源权重以及政策白皮书。内蒙古身为中国的在地范式源头，可与东南亚、非洲、拉美等多民族国家构建文化数智联盟，并且和欧洲大型博物馆、高校实验室开展规范共建，依靠多极互联来避免单极话语的技术霸权。

学术共识与指标体系：把“对与美”转化为跨文化可比的证据

全球进行推广的一个关键前提便是达成学术共识。经过延展之后所提出的范式构建起了一个评测四联，这一评测四联由“文化一致性指数—视觉质量—场景可用性—生态参数”共同组成，其中CCI在不同的文化场域里是由当地的专家以及研究机构共同来确定子维度以及权重，视觉质量以及可用性采用的是跨模态、感知与行为数据混合而成的指标，生态参数把绿色设计与制造的约束引入评价闭环当中。借助统一评测语法以及设置差异化权重，可让“对与美”的判断进入有可比证据的层级，科研共同体依据这些内容便可以开展跨国对照研究、纵向跟踪以及政策评估等工作，推动“人文—智能”在全球范围内的知识协作。

6.5 结语：让方法成为全球公共产品，让差异成为共同繁荣

“以该模式服务全球化”的关键意义，并非在于技术的扩张，而是在于把方法—标准—治理转变为面向世界的文化公共物品。当语义本体、数据卡、评测流程以及反哺机制可被任何社区、任何机构以较低的门槛采用并且持续进行改进时，民族服饰便不再仅仅是展柜里的历史物品，而是成为可生长、可共同创造、可转化的现代主体。内蒙古的在地范式借此实现了向国际方法的转变：它可在不同文明之间构建起“互译的桥梁”，又可在产业与公共文化之间搭建起“通勤的道路”，全球服务的最终景象，是让每一种文化的独特语法被人们看见并且被尊重，让每一个社群的经验与权益在数字空间里被确认并且被分享，让“各美其美、美美与共”不再只是一种修辞，而是成为算法、制度以及日常生活中可感知、可使用、可验证的现实。

参考文献

[1] 李莉莎．蒙古族服饰文化史考 [M]. 北京：中国纺织出版社，2022.

[2] 李白杨，白云，詹希旎，等．人工智能生成内容（AIGC）的技术特征与形态演进 [J]. 图书情报知识，2023，40（1）：66–74.

[3] 于婉莹．人工智能对艺术创作的变革性影响分析 [J]. 南京艺术学院学报（美术与设计），2024（1）：190–194.

[4] 邹秀芳，朱定局．生成对抗网络研究综述 [J]. 计算机系统应用，2019，28（11）：1–9.

[5] 赵宏，李文改．基于扩散生成对抗网络的文本生成图像模型研究 [J]. 电子与信息学报，2023，45（12）：4371–4381.

[6] 刘泽润，尹宇飞，薛文灏，等．基于扩散模型的条件引导图像生成综述 [J]. 浙江大学学报（理学版），2023，50（6）：651–667.

[7] 管凤旭，张涵宇，路斯棋，等．扩散模型在计算机视觉领域的研究现状 [J]. 智能系统学报，2025，20（2）：265–282.

[8] 齐时达．基于布局控制的文本到图像扩散模型研究进展 [J]. 计算机科学与应用，2025，15（4）：443–452.

[9] 杜佳俊，兰红，王超凡．基于扩散模型微调的局部定制图像编辑算法 [J]. 计算机应用研究，2025，42（2）：623–629.

[10] 李新惠，周伊湄，刘莉莹．基于 Lora 模型的传统服饰数字化传承与创新设计——以蒙古族服饰为例 [J]. 色彩，2025（4）：61–65.

[11] 木斯，王赫德，郑国华．科尔沁蒙古族女性敖吉的装饰特征研究 [J]. 丝绸，2024，61（3）：133–142.

[12] 木斯，王帅，张金滨，等．消费驱动下蒙古族服饰“时装化”设计需求分析 [J]. 丝绸，2025，62（5），61–65.

[13] 高云胜．草原文化背景下蒙元服饰特征浅析 [J]. 南宁职业技术学院学报，2013，18（2）：22–25.

[14] 薛翔．内蒙古东乌珠穆沁旗蒙古袍生产现状分析与研究——以乌里雅斯太镇为例 [J]. 巢湖学院学报，2021，23（1）：108–113.

[15] 郭晓芳，赵伟慧，张金滨．基于眼动实验的蒙古族服饰特征差异及分类研究 [J]. 丝绸，2024，61（5）：94–104.

[16] 木斯，周莹，吴济池．乌珠穆沁蒙古族熏皮袍“冲突性”的造物智慧研究 [J]. 皮革科学与工程，2024，34（4）：106–113.

[17] 李莉莎．社会生活的变迁与蒙古族服饰的演变 [J]. 内蒙古社会科学，2010，31（2）：51–55.

[18] 刘芳．新疆卫拉特蒙古族服饰装饰艺术特征考述 [J]. 明日风尚，2016（13）：29.

[19] 岳颀，张晨康．多模态场景下 AIGC 的应用综述 [J]. 计算机科学与探索，2025，19（1）：79–96.

[20] 孙树．民族美术符号的文化内涵与审美传达——以蒙古族服饰纹样为例 [J]. 文化学刊，2025（1）：115–118.

[21] 于喆姣，闫亦农，吴晓辰，等．和硕特蒙古族服饰文化解析及创新设计研究 [J]. 染整技术，2025，47（8）：71–74，98.

[22] 阿丽玛，伊敏．非遗视域下锡尼河布里亚特蒙古族服饰的保护与传承研究 [J]. 内蒙古艺术，2024（3）：121–126.

[23] 王吕昀，殷祥鹏．基于蒙古族元素的现代服装设计创新探索 [J]. 中国服饰，2024（9）：61–62.

[24] 彭科文．蒙古族服饰的变迁浅析 [J]. 西部皮革，2024，46（8）：40–42.